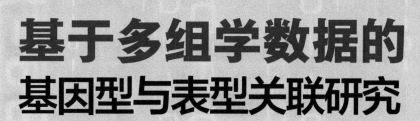

基于多组学数据的基因型与表型关联研究

JIYU DUOZUXUE SHUJU DE JIYINXING YU BIAOXING GUANLIAN YANJIU

郭新鹏 李松 宋亚飞 郭相科 尚学群 著

西安交通大学出版社
XI'AN JIAOTONG UNIVERSITY PRESS

内容简介

本书系统地研究和介绍了基于多组学数据的基因型与表型关联研究的有关概念和相关算法。全书共分为 7 章,第 1 章介绍本书的研究背景及意义、研究现状、本书主要内容等;第 2 章介绍多组学数据的概念、相关数据库及评价指标;第 3 章介绍基于组学内部关联关系的多组学融合分析;第 4 章介绍基于小样本的多组学数据中的基因型与表型关联分析;第 5 章介绍基于神经网络的基因型与表型关联分析;第 6 章介绍基于多表型统计数据的基因型与表型关联分析;第 7 章是研究的总结与展望。

本书内容新颖、逻辑严谨、语言通俗,既可作为高年级本科生或研究生的自学教材,也可作为从事生物信息学研究的教师及科研人员的参考书。

图书在版编目(CIP)数据

基于多组学数据的基因型与表型关联研究 / 郭新鹏
等著. —西安:西安交通大学出版社,2023.8
　　ISBN 978 - 7 - 5693 - 2819 - 6

　　Ⅰ. ①基… 　Ⅱ. ①郭… 　Ⅲ. ①基因—研究 　Ⅳ.
①Q343.1

中国国家版本馆 CIP 数据核字(2023)第 149375 号

书　　名	基于多组学数据的基因型与表型关联研究	
	JIYU DUOZUXUE SHUJU DE JIYINXING YU BIAOXING GUANLIAN YANJIU	
著　　者	郭新鹏　李　松　宋亚飞　郭相科　尚学群	
策划编辑	田　华	
责任编辑	王　娜	
责任校对	李　佳	
封面设计	任加盟	
出版发行	西安交通大学出版社	
	(西安市兴庆南路 1 号　邮政编码 710048)	
网　　址	http://www.xjtupress.com	
电　　话	(029)82668357　82667874(市场营销中心)	
	(029)82668315(总编办)	
传　　真	(029)82668280	
印　　刷	西安五星印刷有限公司	
开　　本	700 mm×1000 mm　　1/16　　印张 9.375　字数 121 千字	
版次印次	2023 年 8 月第 1 版　　2024 年 8 月第 1 次印刷	
书　　号	ISBN 978 - 7 - 5693 - 2819 - 6	
定　　价	68.00 元	

如发现印装质量问题,请与本社市场营销中心联系。
订购热线:(029)82665248　(029)82667874
投稿热线:(029)82668818
读者信箱:465094271@qq.com

前　言

　　建立基因型与表型之间完整的通路联系是当前生物学的一个重要任务,即构建基因型-表型图谱。早在 1920 年,植物学家汉斯·温克勒(Hans Winkler)就提出了"基因组"这个术语。在当时,基因组学仅指的是对一组染色体的研究。随着时代的发展,真正引领组学潮流的事件是人类基因组计划(Human Genome Project)等大项目的开展,至此,基因组学才被人们熟知,其英文对应单词为 genomics,主要研究单核苷酸多态性、基因组序列测定与分析、基因组序列比较、基因组表达谱等。整体来说,基因组学是在基因位点层面上的生物信息研究。

　　发展至今,人类基因组相对容易获得,但缺少的是对现象的理解,对因果的把握。如对一个人的身体和行为特征的全面、准确的描述;对与疾病相关的人类现象的认知,包括面部异常、肢体畸形、确诊抑郁症等。若这些描述以计算机可以阅读的形式出现,便能更好地了解这些表型特征可能与哪些基因位点或基因信息有关,这就促进了全基因关联研究。

　　常见的基因型与表型之间的全基因组关联分析(GWAS),是揭示个体遗传背景与特定疾病或性状之间联系的一种有效途径,但单一的基因组学层面只能提供有限的生物学机制,随着高通量技术的不断发展和测序成本的不断下降,多组学数据应用逐渐广泛。通过对多组学数据的融合分析,可以更加全面地了解基因组学、表观遗传组学、转录组学等各组学在人类健康和复杂疾病中的作用及关联影响。多组学数据的融合分析虽然给我们提供了新的机会来揭示基因型和表型之间的关联机制,但在操作上仍然具有一定的挑战性,主要包含组学层内及层间关联关系挖掘不充分、样本量与组学维度不匹配、统计数据作用发挥不明显等问题。

本书通过对多组学融合模型及数据特点的分析,从算法角度探索基因型与表型的关联关系,对组学层内层间网络模型、小样本下的特征选择、组学类型不够情况下的多组学融合方法应用及利用统计数据进行多组学分析等相关问题进行了充分论证。这些研究明确了基因型与表型间的通路关系,充实了现有关联数据库,其算法泛化能力强,推广价值高,对后续增加更多组学类型数据及其他类型数据,如影像数据等,具有极强的指导意义。

本书系统地研究和介绍了基于多组学数据的基因型与表型关联研究的有关概念和相关算法。全书共分为 7 章,第 1 章介绍本书的研究背景及意义、研究现状、本书的主要内容;第 2 章介绍多组学数据的概念、相关数据库及评价指标;第 3 章介绍基于组学内部关联关系的多组学融合分析;第 4 章介绍基于小样本的多组学数据中的基因型与表型关联研究;第 5 章介绍基于神经网络的基因型与表型关联分析;第 6 章介绍基于多表型统计数据的基因型与表型关联分析;第 7 章是研究的总结与展望。

本书的特色与创新之处可归纳为以下四点。

(1)建立了多组学层内及层间关系网络,同时在算法运用过程中考虑组织特异性,用以构建更符合生物机制的多组学网络。考虑组学内部关联关系,更符合生物实际;考虑多组学之间的通路关联,可以更加全面地反映整个生物系统。

(2)在基于小样本的多组学融合方法研究中,对现有的多级融合分析方法和多维融合分析方法的优点进行了整合。整合后的模型既使用了多级融合分析方法,使其更能反映生物意义上的通路关系,又采用了多维融合分析方法中集成学习的思想。

(3)在深度神经网络中融入表达数量性状位点(eQTL)先验数据,达到了快速降维的目的,实现了网络层间的稀疏连接,防止了过拟合。通过蛋白质-蛋白质相互作用(PPI)网络数据建立组学内部关联关系,使其模型更加贴近生物实际。将临床数据和统计数据在深度神经网络中结合使用,提高神经网络的可解释性,所选特征的功能可以帮助阐明疾病潜在的生物学机制,实现高精度分类和易于解释的特征选择。

(4)通过统计数据建立的三层网络解决了临床数据难以获得而无法进行多组学融合分析的问题,考虑了基因-基因、表型-表型组学间的内部关联关系,提高了预测准确率,分析了单核苷酸多态性(SNP)-基因-表型不同组学层间的生物通路关联关系,使生物意义更加明了,并扩大了多组学融合方法的应用范围。

本书由郭新鹏博士策划并编撰;尚学群博士校核了各章节内容以至全书最后完成;李松博士、宋亚飞博士、郭相科博士等参与了校核及调整了部分章节的内容。

基于多组学数据的基因型与表型关联研究是近年来的研究热点,其理论及应用研究受到国内外众多学者的关注。本书对整个研究体系及阶段性成果进行了汇集,仅能起到抛砖引玉之效,加之作者水平有限,书中难免存在纰漏和不足之处,敬请广大读者批评指正,作者不胜感激。

作　者

2023 年 4 月

目　录

第1章　绪　论 ……………………………………………………… 1

1.1　基因型与表型关联研究的背景及意义 …………………… 1

  1.1.1　GWAS …………………………………………………… 3

  1.1.2　多组学的应用 ………………………………………… 4

  1.1.3　基于多组学研究基因组学和表型组学关联关系的
    意义 ……………………………………………………… 8

1.2　基于多组学数据的研究现状及存在的问题 ……………… 9

  1.2.1　多组学融合方法现状分析 …………………………… 9

  1.2.2　多组学数据的研究现状 ……………………………… 14

1.3　本书主要内容及创新点 …………………………………… 15

1.4　本书结构框架 ……………………………………………… 18

第2章　相关数据库及算法评价指标介绍 ……………………… 21

2.1　多组学数据介绍 …………………………………………… 21

2.2　相关数据库介绍 …………………………………………… 23

  2.2.1　TCGA 数据库 ………………………………………… 23

  2.2.2　NCBI RefSeq 数据库 ………………………………… 24

  2.2.3　MSigDB ………………………………………………… 25

  2.2.4　GEO 数据库 …………………………………………… 26

  2.2.5　PPI 相关数据库 ……………………………………… 27

  2.2.6　GTEx 数据库 ………………………………………… 29

2.3　算法评价指标　$\cdots\cdots\cdots\cdots\cdots\cdots\cdots$　30

 2.3.1　聚类算法评价指标　$\cdots\cdots\cdots\cdots\cdots\cdots$　30

 2.3.2　分类算法评价指标　$\cdots\cdots\cdots\cdots\cdots\cdots$　31

2.4　本章小结　$\cdots\cdots\cdots\cdots\cdots\cdots\cdots\cdots$　34

第3章　基于组学内部关联关系的多组学融合分析　$\cdots\cdots$　35

3.1　引言　$\cdots\cdots\cdots\cdots\cdots\cdots\cdots\cdots\cdots$　35

3.2　算法介绍　$\cdots\cdots\cdots\cdots\cdots\cdots\cdots\cdots$　36

 3.2.1　Isomap 算法　$\cdots\cdots\cdots\cdots\cdots\cdots\cdots$　36

 3.2.2　SNF 算法　$\cdots\cdots\cdots\cdots\cdots\cdots\cdots$　39

 3.2.3　SNF – CC 算法　$\cdots\cdots\cdots\cdots\cdots\cdots$　44

 3.2.4　整体算法实现　$\cdots\cdots\cdots\cdots\cdots\cdots\cdots$　44

3.3　数据来源及预处理　$\cdots\cdots\cdots\cdots\cdots\cdots$　47

3.4　实验结果分析　$\cdots\cdots\cdots\cdots\cdots\cdots\cdots$　48

3.5　本章小结　$\cdots\cdots\cdots\cdots\cdots\cdots\cdots\cdots$　53

第4章　基于小样本的多组学数据中的基因型与表型关联分析　$\cdots\cdots$　57

4.1　引言　$\cdots\cdots\cdots\cdots\cdots\cdots\cdots\cdots\cdots$　57

4.2　算法介绍　$\cdots\cdots\cdots\cdots\cdots\cdots\cdots\cdots$　59

 4.2.1　SPICi 算法　$\cdots\cdots\cdots\cdots\cdots\cdots\cdots$　59

 4.2.2　SPLS 算法　$\cdots\cdots\cdots\cdots\cdots\cdots\cdots$　62

 4.2.3　三层网络构建　$\cdots\cdots\cdots\cdots\cdots\cdots\cdots$　66

 4.2.4　算法实现　$\cdots\cdots\cdots\cdots\cdots\cdots\cdots$　68

4.3　数据来源及预处理　$\cdots\cdots\cdots\cdots\cdots\cdots$　72

4.4　实验结果分析　$\cdots\cdots\cdots\cdots\cdots\cdots\cdots$　73

 4.4.1　预测结果分析　$\cdots\cdots\cdots\cdots\cdots\cdots\cdots$　73

 4.4.2　样本量分析　$\cdots\cdots\cdots\cdots\cdots\cdots\cdots$　76

    4.4.3　通路分析 ·· 77

  4.5　本章小结 ··· 79

第5章　基于神经网络的基因型与表型关联分析 ············· 81

  5.1　引言 ·· 81

  5.2　算法介绍 ··· 83

    5.2.1　深度神经网络 ·· 83

    5.2.2　基于 eQTL 数据的图嵌入式深度神经网络 ·········· 84

    5.2.3　模型参数设置 ·· 87

  5.3　数据来源及预处理 ·· 89

  5.4　实验结果分析 ·· 89

    5.4.1　预测结果分析 ·· 89

    5.4.2　样本量分析 ·· 91

    5.4.3　通路分析 ·· 92

  5.5　本章小结 ·· 94

第6章　基于多表型统计数据的基因型与表型关联分析 ········· 96

  6.1　引言 ·· 96

  6.2　算法介绍 ··· 99

    6.2.1　三层网络构建 ······································ 100

    6.2.2　k‐means 聚类算法 ·································· 101

    6.2.3　双层网络算法 ······································ 103

    6.2.4　算法实现 ·· 109

  6.3　数据来源及预处理 ······································ 110

  6.4　实验结果分析 ·· 111

    6.4.1　预测结果分析 ······································ 111

    6.4.2　参数分析 ·· 114

6.4.3　通路分析 ·· 115

6.5　本章小结 ··· 116

第7章　总结与展望 ··· 118

7.1　总结 ··· 118

7.2　展望 ··· 120

参考文献 ··· 123

第1章 绪 论

1.1 基因型与表型关联研究的背景及意义

基因型,通俗来讲,是个体拥有的 DNA 序列类型。同类物种之间有很多同类型的 DNA,但个体之间的序列也存在很大的差异。针对基因层面来讲,这些序列中的特定差异被称为基因型。最初基因型主要研究 DNA 的片段长度多态性和序列重复等,如限制性片段长度多态性(restriction fragment length polymorphism,RFLP)[1]、扩增片段长度多态性(amplified fragment length polymorphism,AFLP)[2]和简单序列重复(simple sequence repeat,SSR)[3]等。近年来,单核苷酸多态性(single nucleotide polymorphism,SNP,指在基因层面上,由于一个核苷酸位点上的变异导致的多态性)由于其高丰度、低突变率和易于高通量分析等特点,已成为连锁不平衡(linkage disequilibrium,LD)的选择标记[4]。由于 SNP 标记一般采用 0、1、2 有限进制方式表示,故非常适合于自动化、高通量的应用,如根据 SNP 标记的数据特点,高通量 SNP 阵列避免了耗时的克隆和引物设计步骤,但存在缺乏发现过程等问题。随着二代测序技术的出现,一些新技术如简化测序,能够发现模式生物和非模式生物的全基因组标记物,由此,序列水平层面的变异越来越被重视且被更广泛地分类,逐渐形成了多个类型,如缺失变异(插入/删除)、拷贝数变异(copy number variation,CNV)和基因组重排等。CNV 主要指在人类基因组中广泛存在的长片段(一般指 1 KB 以上长度)的拷贝数的插入、重组、缺失等变异,甚至包括该片段内的多个位点变异。随着序列差异检测能力的提升,基因型已被赋予了一种内涵,通常指特定基因中特定位置的序列差异。而在本书中,基因型主要研究基因组学中的 SNP 数据及 CNV 数据。

表型,即由基因序列所导致的各类可见变化,主要包括一个有机体可观察到的特征或特征的组合,例如其形态、发育、生理、病理或生化特性和行为等。表型经常与外部特征的变化有关,如身高、发色或疾病的发生,可以通过一些技术手段对其量化或可视化。表型学被定义为研究一个生物体所有表型的学科,其一个重要研究领域是试图从定性和定量两方面提高测量表型的能力。

当前生物学的一个中心任务是在基因型和表型之间建立完整的功能联系,即所谓的基因型-表型图谱。研究基因型与表型关联关系能够更加清楚地了解遗传变异过程,为合理地研究、治疗、预防疾病等打下坚实的理论基础。如著名的好莱坞影星安吉丽娜•朱莉通过基因筛查后发现其自身携带了具有"恶性的"乳腺癌 1 号基因 $BRCA1$,医生估计其患上乳腺癌的概率是 87%,为了避免疾病的发生,她采取了预防性的双乳腺切除手术。通过对重要的经济动植物的一些复杂性状(如品种、体态等)进行深入研究,从基因层面分析性状产生原因,采用成熟的技术方法(如杂交等),便能够产生更高的经济效益,甚至可以预测动植物的适应性和生存力等。如大家熟知的转基因大豆,即从矮牵牛中克隆获得抗性基因($EPsPs$ 基因),此基因对除草剂草甘膦有高度耐受性,将其导入大豆基因组中,进而培育出抗草甘膦大豆品种。当然,若在对人类疾病表型的研究中融入多组学数据,也可以更加深入地了解其致病机理,更加全面地了解基因型导致的"果"及表型所形成的"因"。如若了解"恶性的"基因 $BRCA1$ 的各类通路关系,则可以根据基因通路中所涉及相关组学类型进行干预,也可通过通路中的其他组学信息提供对应治疗方案,而不用直接采用相对极端的切除手术。同理,若对 $EPsPs$ 基因各通路有全面的认知,则可对转基因大豆的利害关系进行充分说明,分析或证明其对人体是否有害。综上所述,研究基于多组学数据的基因型与表型关联关系具有实实在在的应用价值。

1.1.1 GWAS

在过去十几年里,由于高通量技术及基因标记技术的发展,高密度的遗传变异信息(如单核苷酸多态性、拷贝数变异)被收集并被试图用于研究其与疾病等表型的关联关系。常见的基因型与表型之间的全基因组关联分析(genome-wide association study,GWAS),是揭示个体遗传背景与特定疾病或性状之间联系的一种有效途径。GWAS 的原理是通过对多个个体的 DNA 样本进行全基因组范围的 SNP 或 CNV 等多态性检测,将基因型与表型进行统计分析,根据产生比当前样本更差样本的概率 p 值筛选出该性状的遗传变异标记,从而得出性状与该遗传变异标记的关联关系。整个过程并未涉及生物机理分析,仅从数学统计方法层面得出分析结果,所以 GWAS 的结果只能得出具体结论,中间过程如同"黑盒"一般,无法从生物机制角度了解整个过程形成的原因。

GWAS 在运用初期,与传统的候选基因法相类似,需要选择一定量的样本,对所有样本中的 SNP 进行分类,以此分析 SNP 与各样本间的关联关系。而目前,GWAS 将此过程进行多次循环使用,来提高分析的准确率。具体思路:在第一次循环中使用全部 SNP 进行比对分析,通过比对,筛选出部分阳性 SNP 进行后续阶段的分析,以此循环。在此过程中,需要保证每次循环中,特别是初始循环时,根据敏感性和特异性筛选相关 SNP,提高 SNP 筛选的准确率,并在后续阶段增加样本量,以此保证基因分型验证的准确性。

随着 GWAS 的不断研究和应用,其预测准确率有了明显提升,大量的 SNP 与人类复杂疾病或其他性状相关的遗传变异被确定。基因型与表型(如疾病和遗传缺陷等)之间超过 50000 个全基因组的关联已经被公开,这些发现识别了新型变异性状关联,丰富了多种临床应用,使临床医学和个体化治疗的进展上升到基因层面。虽然已经发现了数千个复杂疾病和特征的 SNP,然而,目前发现的大多数变异仅仅解释了一小部分因果遗传因素,且由于其他组学变异的存在,在 GWAS 研究中遗传性缺失仍然非常明显。随着新技术的发展(如全基因组和外显子测序提供更多的遗传信号),人们更加明确了多种复杂疾病相关的 SNP,这些SNP 大多数位于非编码区,并可作为同个单体域中的 SNP 标志,而位于高度连锁不平衡区域中的其他 SNP 也可能在疾病中发挥关键作用,因此仅仅根据 GWAS 的结果来理解或预测疾病风险显然是不足的。同时,通过数学统计方法分析的 GWAS 关联关系,并不能明确其表型形成的通路关系,不便于理解基因型与表型关联关系,急需融入其他生物信息,以理解其生物机制,这就更进一步促进了多组学的应用。

1.1.2　多组学的应用

随着高通量技术的不断发展和测序成本的不断下降,收集各类组学数据已变得相对容易。一般来说,生物系统多组学主要包括基因组学、表观遗传组学、转录组学、蛋白质组学、代谢组学和表型组学等。基因组学主要针对 DNA 中的位点层面信息进行研究,包括单核苷酸多态性(SNP)、拷贝数变异(CNV)、杂合性缺失和基因组重排等。本书主要通过 SNP 数据及 CNV 数据来研究基因组学。表观遗传组学主要研究基因的核苷酸序列不发生改变,即非 DNA 序列变化,而导致基因表达变化并可进行遗传的情况,主要包括 DNA 甲基化、染色质重塑等。本书主要通过 DNA 甲基化数据来研究表观遗传组学。转录组学主要从RNA 角度出发,通过微 RNA(miRNA)、基因表达和可变剪接等来研究基因的转录情况及转录调控规律等。本书主要通过基因表达数据和miRNA 数据来研究转录组学。蛋白质组学主要研究细胞、组织或生命体中蛋白质表达和蛋白质组水平的翻译后修饰等。本书主要通过蛋白质关联关系映射出基因间的关联关系,以此组成生物网络来辅助通路关系的研究。代谢组学主要对生物体内各种代谢产物进行定性或定量分析,并寻找各类代谢物与表型之间的相互关系。代谢组学作为多组学数据中的一类,已在多个多组学融合研究中有所考虑[5-6],但在本书研究中还未涉及。表型组学主要研究在各类组学单独或相互作用的环境下产生的一系列可定性或定量的特征,如疾病表型等。本书既利用了临床数据中的二进制(正常表型、疾病表型)表型数据,又利用了关联关系数据中的多表型网络数据来研究多组学融合分析。

　　基因组学和表型组学是各类生物组学的两个重要组成部分,分别处于组学数据的两端,对这两类组学的分析,其实是在分析组学家族的因与果。GWAS 利用此特点进行统计分析,通过反映组学两端关联关系说明底层基因型对表型的影响,但 GWAS 仅能解释一小部分的因果遗传因素,且无法反映基因型影响表型的生物学机制,故,以 GWAS 为基础,基于多组学数据,主要有三种方法用以弥补和改进 GWAS 的不足。

　　第一种是增加基因组学中的数据类型,如增加 CNV 数据以扩充因果遗传的解释范围。在基因组学数据中,影响遗传变异的数据主要有两大类:一类是 GWAS 中提到的 SNP 数据,其是位点层面上最常见的遗传变异类型。许多关联研究使用 SNP 阵列来检测与复杂疾病相关的基因变化,这些研究旨在确定是否有一组特定的 SNP 在病例组和对照组之间具有不同的频率。另一类是结构变异所使用的 CNV 数据。CNV 研究的是个体之间不同的所有碱基对,而不是单个核苷酸的变异,这些变异包括插入-删除、块替换、DNA 序列倒置和拷贝数差异。越来越多的研究者认为 CNV 可能是许多人类疾病的诱因。SNP 和 CNV 在整个基因组中共存,因此它们会影响彼此的基因型测量。对 SNP 和 CNV 的综合关联研究表明,测量 SNP 过程中产生的原始数据也可以用来挖掘 CNV 信息。常用的 SNP 阵列同时也可以检测到大量的 CNV,这对 SNP 和 CNV 的综合研究提供了数据支撑[7]。若仅采用单个基因组学数据类型,有价值的关联信息可能会被丢弃,所以与仅使用一种基因组学数据相比,结合 SNP 数据与 CNV 数据可提高检测的准确率[8]。此类方法主要应用于 DNA 位点层面信息与表型关联的研究,虽然仅增加了基因组学的一类数据,但能更深层次地了解疾病等表型产生的源头。

第二种是根据生物机制,增加其他组学数据,逐层挖掘组学间的通路关系。通过 GWAS 方法,仅可以利用统计学知识对基因型与表型关联关系进行分析,并不能了解生物学方面的通路关系。在基因型与表型图谱中,基因型可能通过其他组学数据对表型产生影响,如图 1-1 所示,常见的有表观遗传组学、转录组学、蛋白质组学。Zhao 等人[9]为了探讨环境因素对脑卒中的影响,使用甲基化数量性状位点(methylation quantitative trait loci, mQTL)鉴定了脑卒中相关的甲基化易感性位点,在其中的 38 个 SNP 中,有 31 个具有更高的甲基化风险,可以显著改变基因表达水平,他们从基因位点到甲基化,从甲基化到基因表达,从基因表达到表型,探讨了脑卒中的遗传发病机制。Sun 等人[10]总结了在人口研究中可用的主要组学方法,并回顾了询问多个组学层次的综合方法,这些方法增强了人类疾病的基因发现和功能分析,他们在文章中指出,DNA、RNA、蛋白质和代谢物通常具有互补作用,共同执行某种生物学功能,这种互补作用和协同作用只能通过对多个分子层的综合研究来实现,以此为依据,可以利用多组学方法整合从不同组学水平获得的数据,以了解它们之间的相互关系及对疾病过程的共同影响,此类分析是一种逐层深入的分析思路,也可同时对多条通路进行分析。Zhao 等人[11]将表达数量性状位点(expression quantitative trait loci, eQTL,指能控制数量性状基因表达水平高低的那些基因的位点)研究和 mQTL 研究与 GWAS 相结合,通过多效性研究在表达水平上寻找与阿尔茨海默病相关的基因,引入孟德尔随机化(Mendelian randomization, MR)来整合 GWAS 和 eQTL、mQTL 数据,通过 eQTL 分析确定了 274 个显著 SNP,通过 mQTL 分析确定了 379 个显著 SNP。此类方法的优点是通过多组学数据的逐层分析,可以更加全面地了解组学间的通路关系,但此类方法在求解过程中要求组学层数不宜过多,否则会产生样本量不足或无法有效回归等问题。

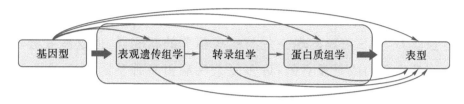

图 1-1　多组学生物系统图谱

　　第三种是增加多个组学数据,利用多组学融合方法,提高基因型到表型关联关系的预测准确率。与第二种利用生物机制进行逐层分析不同,本类方法主要从多组学融合方法角度来提高基因型与表型关联关系的发现概率,在方法运用的过程中各组学数据之间相互独立,并没有考虑组学间的生物联系及机制关系,也未分析各组学内部或组学之间的关联特点。如 Zhang 等人[12]提出了用于多组学数据集成的非负矩阵分解(non-negative matrix factorization,NMF)框架,该方法将多种类型的基因组数据映射到同一坐标系下,将每个分量权重较高的数据进行组合,形成多维数据模块,这些模块中的基因组变量具有显著的相关性和可能的功能关联。将这种方法应用于 385 例卵巢癌样本的多组学数据中,结果表明,这些模块揭示了被单一类型数据所忽视的干扰通路,说明不同组学之间存在关联关系,并共同影响着疾病的产生。为了解决生物信息学中数据整合分析统计工具缺乏的问题,Shen 等人[13]设计了一种联合潜在变量模型用于综合聚类的 iCluster 方法,通过期望最大化算法获得基于似然的推理,此类方法在分析的过程中,各组学数据的地位等价,可理解为利用各组学数据从不同角度分析表型,可反映各组学间的生物机制和关联影响。

　　与 GWAS 方法相比,无论采用以上三种方法中的一种或多种相结合的思路,都能更进一步地分析基因型与表型间的关联关系,可根据研究方向或侧重点的不同,选择合适的方法进行分析。

1.1.3 基于多组学研究基因组学和表型组学关联关系的意义

虽然 GWAS 可以发现一些与疾病相关的新变异,但这些变异的功能也许是次要的或是孤立的,许多复杂疾病由多种基因突变引起,其中每一个基因对发病机制都有一定的影响。测序新技术的发展及成本的不断下降,使通过易感基因的大规模测序来确定疾病遗传因素成为了可能。然而,GWAS 并不能直接反映疾病发展过程中蛋白质的变化,尤其是外显子测序,相关位点的功能含义和机制在很大程度上还不清楚。另外,生物功能是由在结构环境中参与物理或生化过程的相互作用的分子系统产生的。不同类型的高通量技术(例如核苷酸测序、DNA 芯片和蛋白质质谱)能够收集生物系统不同分子组成(例如核苷酸序列、基因表达和蛋白质丰度)的信息[14]。单一的组学层面只能提供有限的生物学机制,无法更全面地了解生物过程。因为单一组学层面上的局限性,所以需要融合不同层次的组学数据进行整合和分析,才能了解生物系统的复杂性,准确地预测基因型与表型之间的生物关联关系,解决大量的生物变量和相对较少的生物样本所带来的问题。

以数据作为支撑可研究多组学间的相互作用,如 DNA、RNA、蛋白质和代谢物通常具有协同调控作用,共同协作发挥一定的生物学功能。组学间的相互关系及影响只有通过将各组学层进行综合分析后才能捕捉到。在单组学研究已经取得一定成果的基础上,采用多组学融合方法整合来自不同基因组水平的数据,可以更好地了解分子功能和疾病病因[10]。通过对各组学数据融合分析,可以更加全面地分析基因组学、表观遗传组学、转录组学、蛋白质组学等在人类健康和复杂疾病中的作用。

1.2 基于多组学数据的研究现状及存在的问题

随着高通量技术的发展,基因型与表型关联研究已由原有的 GWAS 研究,即单组学数据分析,向多组学数据延伸。基于多组学数据的基因型与表型关联分析以现有多组学算法为基础,对包括基因组学和表型组学等相关组学数据进行通路分析,以进一步了解生物机制、探索分析基因型与表型关联关系、完善基因型与表型关系图谱,如图 1-2 所示。由此可见,基于多组学数据的基因型与表型关联分析中,多组学融合方法及多组学数据应用是两个关键点。在本节中,我们主要基于多组学数据对现有多组学融合方法和多组学数据特点现状进行分析,并指出现有算法及数据应用方面所存在的问题。

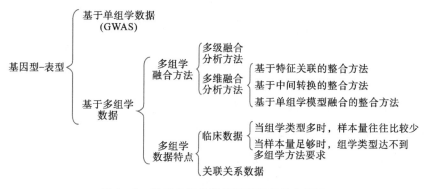

图 1-2 基于多组学数据的研究现状分析图

1.2.1 多组学融合方法现状分析

相比于单组学数据分析方法,多组学融合方法能够获得更准确、全面的基因型与表型关联信息。当前基于多组学数据的基因型与表型关联分析方法主要有两类:多级融合分析方法和多维融合分析方法[15]。

1. 多级融合分析方法

在利用多组学生物网络来挖掘基因型与表型关联关系时,一般认为表型的性状差异是由各组学层逐步影响而产生的。如 SNP 对疾病的通路影响,可以认为是由于 SNP 差异位点导致基因表达发生变化,进而影响蛋白表达的变化,最后导致疾病的产生[16]。此类根据生物机制及各组学层级关系,逐层融合多组学数据的分析方法通常被称为多级融合分析方法,其主要思路是将各类组学数据逐层表示,每两层之间通过线性回归、偏最小二乘[17-18]、典型相关分析、相关系数等方法建立关联关系,最终通过各层关联关系进行疾病通路预测等。目前在基因型与表型关联分析中最常用的多级融合分析方法是三层法。典型三层法的应用是通过基因表达性状来弥合基因型和表型之间的差距,即建立 SNP –基因–表型的三层通路网络。例如 Lee 等人[19]为了准确分析 SNP 与表型之间的关联关系,提出了基于生物网络的回归模型(network driven association mapping,NETAM)算法。NETAM 算法构建了一个 SNP –基因–疾病的三层关联网络,其中各层节点分别表示 SNP、基因和表型,连线表示组学间关联关系,如图 1 – 3 所示。首先利用线性回归建立 SNP 与基因间的关联关系,再利用逻辑回归建立基因与疾病间的关联关系(疾病只有 0、1 两种可能:0 代表患者、1 代表正常人)。相比于用 SNP 直接预测疾病的两层网络结构,通过分析 SNP 对基因表达量的影响来预测疾病的三层网络结构更加准确,这证实了用三层网络更能真实地反映生物关系。类似的三层模型有 Gamazon 等人[20]提出的 PrediXcan 方法(一种基于基因的关联方法)、Lee 等人[21]提出的 BTAM(backward three – way association mapping,反向三层关联映射)方法、Curtis 等人[22]提出的 GFlasso(graph – guided fused lasso,图导熔接套索)方法等。然而,用三层网络进行回归模型建立时,为了模型简单且易于求解,在分析的过程中,并未考虑各组学内部关联关系,如基因组学内部关联关系,这并不符合生物的实际,会造成模型准确率偏低。

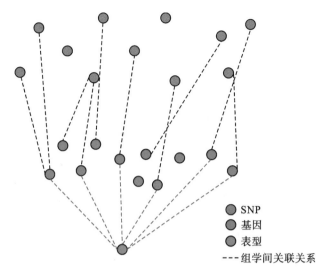

SNP
基因
表型
- - - 组学间关联关系

图 1 - 3　三层关联网络构建模型

2. 多维融合分析方法

多维融合分析方法根据融合思路的不同,具体实现方法大致可以分为以下三种:基于特征关联的整合方法、基于中间转换的整合方法和基于单组学模型融合的整合方法[15,23],如图 1 - 4 所示。

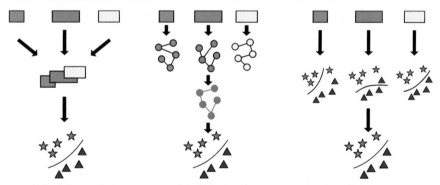

(a)基于特征关联的整合方法　(b)基于中间转换的整合方法　(c)基于单组学模型融合的整合方法

■组学₁　■组学₂　□组学₃　★表型₁　▲表型₂

图 1 - 4　多组学融合分析模型

(蓝色都表示组学 1,方框表示组学 1 的矩阵形式,圆形表示组学 1 的网络形式。

绿色、黄色同蓝色的意思一样)

(1)基于特征关联的整合方法。基于特征关联的整合方法是在分析建模之前,将各组学原始数据进行处理,并将处理后的各组学数据特征通过机器学习算法进行融合,形成更全面的输入矩阵,再通过得到的输入矩阵建立预测模型[24]。例如,Fridley 等人[25]利用贝叶斯整合模型将来自 SNPs 和 mRNA 基因表达的数据合并成一个输入矩阵,进行表型预测。Mankoo 等人[26]使用多变量 Cox 套索模型、CNV、DNA 甲基化、miRNA 和基因表达数据预测卵巢癌的复发和患者生存时间,该方法通过回归模型 LASSO(least absolute shrinkage and selection operator,最小绝对收缩和选择算子,又称套索)进行变量选择,然后在 Cox 回归中对选择的变量集建模。基于特征关联的整合方法的主要优点在于可以发现多个组学共同作用下影响表型的关联关系,如利用潜在模型 SNP 与 CNV 相互作用来解释疾病风险,但若这两个变量未合并到一个输入矩阵中,那么共同作用可能会被忽略。该类方法的局限性在于建立一个更加准确的输入矩阵具有一定的挑战性,特别是当各组学数据类型多样化时,则合并输入矩阵会有一定的困难,如 SNP 数据为 0、1、2 的离散值,而基因表达量为连续值。此外,在合并输入矩阵后,特征维数增高,需要执行数据降维等方法来限制特征的数量,才能进行下一步更深入的分析。

(2)基于中间转换的整合方法。基于中间转换的整合方法首先将各多组学数据集转换为一种中间形式,再将中间形式进行融合以产生预测模型,如 Wang 等人[24]提出的 SNF(similarity network fusion,相似性网络融合)方法就是分别构建各组学数据的样本相似网络,通过所形成的各组学网络中的结点表示样本(患者),样本(患者)之间的相似性用边表示,利用各组学数据的互补性计算和融合患者间的相似网络,通过迭代更新每个组学网络与其他网络的信息,形成最终的融合网络并进行聚类。基于中间转换的整合方法不但可以用在聚类问题中,还可以用在分类问题中,如 Torshizi 等人[27]及 Kim 等人[28]结合通路等基因相关信息,建立样本相似网络,利用基于图的半监督学习方法进行特征提取并分类。应用基于中间转换的整合方法处理组学数据时,需将各组学数据转化为合适的中间形式。该方法的优点在于将各组学数据转换为适当的中间形式时,可以从每个数据集中保存数据类型特定的属性。此外,只要数据包含统一的特性(如患者标识符),就可以使用此方法整合各种类型的数据,解决了各组学数据类型多样化、数据度量尺度不统一的问题。该方法的缺点在于各组学数据的单独转换,致使识别不同类型数据之间的交互作用(如 SNP 和基因表达交互作用)变得困难;其次,类似于基于特征关联的整合方法,中间模型的建立有一定的挑战性。

(3)基于单组学模型融合的整合方法。基于单组学模型融合的整合方法是单独使用各组学数据建立多个预测模型,然后将多个预测模型进行融合,产生最终的预测模型。例如,Drǎghici 等人[29]从两个角度来探讨,一方面根据 HIV 蛋白酶药物抑制剂复合物的结构特征构建预测因子,另一方面根据各种耐药突变体的序列数据构建分类器。在这两种情况下,利用多数投票表决方法对模型进行融合。Kim 等人[30]采用基于语法的进化神经网络(grammatical evolution neural networks,GENN)方法对各组学数据进行特征过滤、模型建立、模型融合等操作,结果显示多组学数据预测结果明显优于任一单组学数据预测结果。对比其他方法,基于单组学模型融合的整合方法最大的优点是各类组学数据可以来自同一表型的不同样本集合,而多组学融合问题中的难点之一就是同一样本集下多组学数据难以获得。采用基于单组学模型融合的整合能够最大化整合已有单组学数据,避免此问题的出现,但该方法的缺点在于当对分类器进行集成时,难以避免过拟合。

各多维融合分析方法有一个共同缺点:各组学数据的地位等价。可理解为利用各组学数据从不同角度分析表型,但并没有对各组学的生物关联关系进行分析。尽管多维融合分析方法可以提高表型预测的准确率,但多组学数据融合的生物意义不明确。

综上所述,多级融合分析方法可以进行组学通路分析,生物机制更加清楚,但预测准确率不高,而多维融合分析方法虽可以提高表型预测的准确率,但对多组学数据融合所产生的生物意义不是特别清楚。

1.2.2 多组学数据的研究现状

在多组学融合分析中,方法是重点,数据也是关键。多组学数据主要分为两类:临床数据和关联关系数据。临床数据主要通过生物仪器或检测设备从生物组织上直接采集,所得数据矩阵的行代表样本、列代表某个组学数据特征。在上述基于多组学融合方法中,各类方法均使用临床数据。关联关系数据主要通过各类生物实验和算法或统计分析得到,收集于各类关系数据库中,用以反映组学间关联关系,如反映 SNP–基因–表型通路关系的 PhenoScanner 数据库[31],反映通路(pathway)信息的 MSigDB(molecular signatures database,分子特征数据库)[32],反映组织差异性中 SNP 与基因关联关系的 GTEx 数据库[33],反映蛋白质关联关系的 PICKLE 数据库[34]等。关联关系数据在多组学方法中,多用于数据过滤或关系验证。

通过对公开数据库(如 TCGA[35]、GEO[36]等)分析发现,在各类公开数据库中临床数据一般会出现以下两种情况:一是随着组学数据类型的增加,其数据样本量越来越少;二是样本量较大时,其组学数据类型数量往往不多,达不到多组学分析的要求。在现阶段,当组学样本量不够时,往往采用与专业测序机构合作的方法,但这样的数据由于伦理及隐私的要求,一般不会公开,影响后续的研究和验证,再者,要达到样本量要求,需要的患者及数据成本明显增加,制约着多组学方法的发展。当组学数据类型数量不够时,往往退而求其次,采用较少的组学数据进行分析,失去了多组学分析的优点。针对以上问题,当样本量不足时,需要一种能在小样本的情况下解决多组学数据融合问题的有效方法。当组学类型不足时,需要利用其他先验数据或预测数据补充组学类型个数,使其达到多组学分析的数据要求。除此之外,由于满足要求的临床数据难以获得,促使关联关系数据得到了广泛应用。各关联关系数据库中的关联关系数据可能来源于其他研究结果,使用此类关联关系数据相当于站在已有研究成果的基础上进行分析,且关联关系数据不用考虑由于伦理或隐私影响而不能公开的窘相,方便研究成果的推广及应用。因此,如何更好地应用关联关系数据进行基于多组学数据下的基因型与表型关联研究,也是本书应该考虑的问题。

1.3 本书主要内容及创新点

本书积极跟踪国内外相关领域的最新研究成果,结合信息学领域算法与生物数据特点,以研究团队已有研究成果为基础,以研究问题为牵引,分步骤、循序渐进地开展研究。首先,通过多组学方法及数据分析发现,现有多组学方法所建立的通路网络没有考虑组学内部关联关系,不符合生物机制。其次,针对此问题,提出了基于多组学数据并融合通路(pathway)和模体(motif)信息的癌症亚型聚类模型,用以验证组学内部关系对疾病的影响,以此为基础,研究小样本情况下及组学类型不够情况下的基因型与表型关联求解方法。最后,在基于小样本的多组学情况下的基因型与表型关联研究中,采用聚类分簇的方式快速降维,使其适应小样本数据要求;在组学类型不够的情况下,利用图嵌入神经网络建立通路关联关系,达到多组学分析效果。虽然以上方法使临床数据所遇到的问题得到了一定解决,但预测准确率不高,故考虑使用关联关系数据建立一个三层的生物异构网络模型将组学关系关联起来,通过融入多表型间关联关系挖掘和分析 SNP、基因和表型之间的关系,以此达到仅利用关联关系数据达到多组学分析的目的。由于临床数据受到伦理等方面的限制,数据难以获得,所以在分析问题的过程中,本书依次减少各算法对临床数据的依赖,逐步使用关联关系数据进行基于多组学数据的基因型与表型关联分析。综上,本书的总体研究框架如图 1 - 5 所示。

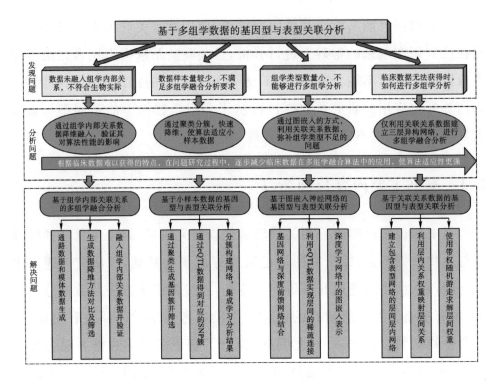

图 1－5　本书总体研究框架

通过对关联分析存在的问题进行分析,本书提出了以下四项研究内容。

(1)基于组学内部关联关系的多组学融合分析。现阶段,为了计算方便,在多级融合分析方法中,仅考虑了层间的关联关系来预测通路关系,并未考虑组学内部关联关系。同样,在多维融合分析方法中,由于算法自身原因,也未考虑组学内部关联关系,这不符合生物实际。故,在建模过程中应首先考虑层内网络,这样更贴近生物本身机制,并验证融入组学层内网络的必要性。

(2)基于小样本数据的基因型与表型关联分析。多级融合方法在分析基因型与表型关联关系时,能够反映 SNP－基因－表型的生物关联关系,但由于 SNP 数据经过数据筛选处理后,其数据量大约在 60 万～90万,而要使用套索回归或弹性网络回归来求解组学间关联关系,对样本量的要求非常大。针对此问题,在无法获得足够样本时,需考虑小样本情况下多组学数据中基因型与表型关联关系应如何分析。

(3)基于图嵌入神经网络的基因型与表型关联分析。为了解决临床数据中组学数据类型不够,无法使用多组学融合方法的问题,可以考虑结合关联关系数据来增加组学类型。最常见的 GWAS 数据仅包含 SNP 数据和表型数据,故可以考虑增加 eQTL 数据和蛋白质-蛋白质相互作用(proteinprotein interaction,PPI)数据等关联关系数据。通过增加 eQTL 数据,增加了组学间关联关系,融入了生物学机制;通过增加 PPI 数据,增加了组学内部关联关系,使其达到多组学分析的效果。使用深度神经网络可以很好地融入临床数据和关联关系数据。以前的深度学习、特征选择为基于预测模型,而未依赖特征本身的结构特点,忽略了先前的生物学知识,而融入 eQTL 数据和 PPI 数据的模型所选特征的功能可以帮助阐明疾病结果的潜在生物学机制。

(4)基于关联关系数据的基因型与表型关联分析。无论是多级融合分析方法,还是多维融合分析方法,均采用临床数据进行计算,符合要求的临床数据有时会难以获得,随着机器学习算法在生物信息学方面的不断应用,各类关联关系数据的数量及精度均在不断提升,可以考虑全部使用关联关系数据进行多组学分析。与临床数据相比,利用关联关系数据分析时可增加表型关联网络进行辅助分析。在目前的研究中,SNP 数据、基因表达数据和表型数据可以通过组学内部关联关系及组学间关联关系构建三层异构网络,如 SNP 间的关联关系通过上位关联关系反映,基因间关联关系通过蛋白质网络进行映射,表型间的关联关系可以通过基因本体来反映,组学间的关联关系可以通过 eQTL 数据反映。这样的三层网络可以全部采用关联关系数据进行建立,以此减少数据对多组学融合方法应用的影响。

本书的特色与创新之处可归纳为以下四点。

(1)建立了多组学层内及层间关系网络,同时在算法运用过程中考虑组织特异性,用以构建更符合生物机制的多组学网络。考虑组学内部关联关系,更符合生物实际。考虑多组学之间的通路关联,可以更加全面地反映整个生物系统。

(2)在基于小样本数据的多组学融合方法研究中,对现有的多级融合分析方法和多维融合分析方法的优点进行了整合。该模型既使用了多级融合分析方法,使其更能反映生物意义上的通路关系,又使用了多维融合分析方法中集成学习的思想,解决了小样本不能使用多组学融合方法进行基因型与表型关联分析的问题。

(3)将临床数据和关联关系数据在深度神经网络中结合使用,提高神经网络的可解释性,所选特征的功能可以帮助阐明疾病潜在的生物学机制,能实现高分类精度和易于解释的特征选择。在深度神经网络中融入 eQTL 先验数据,达到了快速降维的目的,实现了网络层间的稀疏连接,可防止过拟合。通过 PPI 网络数据建立组学内部关联关系,使其模型更加贴近生物实际,解决了组学类型不够,在基因型与表型关联分析中无法达到多组学融合分析效果的问题。

(4)通过关联关系数据建立的三层网络,解决了临床数据难以获得而无法进行多组学融合分析的问题。考虑了基因-基因,表型-表型组学间的内部的关联关系,提高了预测准确率。分析了 SNP-基因-表型不同组学层间的生物通路关联关系,使生物意义更加明了,并提升了多组学融合方法应用的范围。

1.4　本书结构框架

本书一共分为 7 章,章节结构如图 1-6 所示,每个章节的具体内容如下。

第 1 章 绪论。介绍本书研究的背景及课题研究的意义,介绍当前国内外的研究现状和存在的问题及面临的挑战,提出本书研究的主要内容。最后,对本书的整个框架进行介绍。

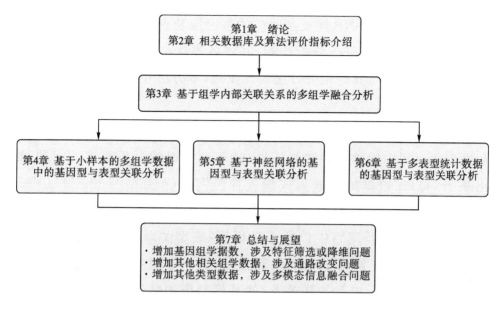

图 1-6 本书章节结构图

第 2 章 相关数据库及算法评价指标介绍。主要对所涉及多组学数据概念的介绍，进而介绍本书中所涉及的多组学相关数据库，最后介绍文章中聚类算法和二分类算法的评价指标。

第 3 章 基于组学内部关联关系的多组学融合分析。在多组学融合算法中增加通路和模体信息，通过癌症亚型聚类模型对组内关联关系进行分析说明。本书使用 Isomap(isometric mapping，等度量映射)降维方法将各相关通路及模体中基因组的表达数据降至 1 维，使降维后的各通路数据最大化地表达该通路数据中基因之间的关系。最后使用多组学融合方法对基因表达数据、甲基化数据、miRNA 数据及降维后的通路及模体数据进行整合运算。结果表明，融入通路及模体等各类组学内部关联关系信息后，聚类效果在各个方法中都有不同程度的提升。此章节为后续章节应用组学内部关系打下了基础。

第 4 章 基于小样本的多组学数据中的基因型与表型关联分析。本书利用 PPI 网络和基因表达数据对基因进行聚类；采用分组最小角回归算法对基因聚类进行筛选；筛选后的基因簇通过 eQTL 数据得到所对应的 SNP 簇;将每个 SNP 簇及所对应的基因簇及表型组合为一个三层网络类块;对每个类块进行分析预测,并将各类块结果通过集成学习得出最终预测结果。与其他相关方法对比发现,本方法在各数据集中的表现都优于其他方法。

第 5 章 基于神经网络的基因型与表型关联分析。为了解决多组学数据应用过程中组学类型数量不够、达不到多组学分析要求的问题,提出基于 eQTL 数据的图嵌入式深度神经网络(graph – embedded deep neural network,G – EDNN)模型,将 eQTL 数据和 PPI 数据以图嵌入的方式融入深度神经网络中以揭示基因型–表型关联关系。该模型利用 eQTL 数据实现了网络层间的稀疏连接,防止了过拟合,同时利用 PPI 网络数据增加组学内部关联关系,使其模型更加贴近生物实际;通过使用临床数据与关联关系数据相结合的方式进行特征选择及图嵌入表示,并对各种神经网络架构进行模型验证。结果表明,该模型能实现高分类精度和易于解释的特征选择,是基因型–表型关联分析在深度学习网络中的一个拓展应用。

第 6 章 基于多表型统计数据的基因型与表型关联分析。为了避免临床数据由于个人隐私及伦理要求等原因难以获得,组学数据类型个数或组学样本量达不到多组学融合算法分析要求的问题,利用关联关系数据建立 SNP –基因–表型三层异构网络进行解决。通过算法设计将三层网络拆分为两个双层网络,分别进行层间权重的求解,并利用增加超参 β 的方法,将两个双层网络的权重进行结合,得到最终的权重得分,提取关键基因并完成通路预测,达到临床数据分析的效果。此模型完全使用关联关系数据进行多组学分析,为基因型与表型关联研究提供新的思路。实验表明,该方法能实现利用关联关系数据提取关键基因,更加明确了多组学下疾病的通路关系,提高了预测准确率。

第 7 章 总结与展望。对本书的研究内容及方法进行总结,以此为基础,展望后续研究方向。

第 2 章　相关数据库及算法评价指标介绍

2.1　多组学数据介绍

早在 1920 年,植物学家汉斯·温克勒就提出了"基因组"(genome)这个术语。在当时,基因组学仅指的是对一组染色体的研究[37]。随着时代的发展,真正引领基因组学潮流的事件是人类基因组计划(Human Genome Project)等大项目的开启[38],至此,基因组学才被人们所熟知,其英文对应单词为 genomics,主要研究单核苷酸多态性、基因组序列测定与分析、基因组序列比较、基因组表达谱等。整体来说,基因组学是在基因位点层面上的生物信息研究。

发展至今,人类基因组相对容易获得,但缺少的是对其表现出的人类某些现象的理解,如对一个人身体和行为特征全面、准确的描述;对与疾病相关的人类现象的全部认知,包括面部异常、肢体畸形、抑郁症等。若这些描述或认知以计算机可以"阅读"的形式出现,便能使人更好地了解这些表型特征可能与哪些基因位点或基因信息有关,这就促进了全基因组关联分析(GWAS)的发展。但 GWAS 是通过统计方法而得出结论的,只能提供单核苷酸多态性(SNP)位点与疾病的关联关系这样有限的生物学机制,相关位点的功能含义和机制在很大程度上还不清楚,更无法了解 SNP 与疾病之间的因果通路关系,这就促进了多组学数据的应用和多组学融合技术的发展。

随着高通量技术的不断发展和测序成本的不断下降,收集各类组学数据已变得相对容易。一般来说,生物系统多组学主要包括基因组学、表观遗传组学、转录组学、蛋白质组学、代谢组学和表型组学。通过多组学融合算法的研究,可以更好地分析多个组学之间的通路关系,挖掘多个组学共同影响表型的生物学机制。当然,不同的研究方向,侧重的具体组学类型不尽相同。针对基因型与表型关联研究,本书主要涉及基因组学、表观遗传组学、转录组学、蛋白质组学和表型组学的相关内容。

基因组学是从 DNA 角度来分析和研究生命特征的,主要分为三种类型:①以基因序列为研究内容的结构型基因组学;②以注释基因功能为研究内容的功能型基因组学;③以对比基因间相互关系、差异和功能为研究内容的比较型基因组学。基因组学数据主要来源于单核苷酸多态性(SNP)、拷贝数变异(CNV)、杂合性缺失(LOH)和基因组重排等。本书第 4 章、第 5 章会分别使用 SNP 数据与表型数据来反映基因型与表型间的关联关系,后续研究中还会融入 CNV 数据。

表观遗传组学主要研究 DNA 相关内容或 DNA 相关蛋白的修饰,这些修饰可能会随着环境或时间的改变而不同,所有的改变对于基因的活性及表达都有一定的影响,故有重要的研究和探索意义。表观遗传组学的主要数据来源有 DNA 甲基化、组蛋白修饰、染色质开放性、转录因子结合等。本书主要在第 7 章的展望部分涉及表观遗传组学的一些说明。

转录组学主要从 RNA 角度来分析和研究生命特征。广义来讲,细胞内所有转录产物都属于转录组学的范畴,是所有 RNA 的集合,如信使 RNA(mRNA)、核糖体 RNA(rRNA)、转运 RNA(tRNA)和非编码 RNA(ncRNA)等。转录组学主要是对从 DNA 转录而来的 RNA 进行各种定量及定性分析,如对转录本特点、RNA 剪接位点、基因表达量等的分析,它是研究细胞中各基因功能关系、转录方式及转录控制机理的一种重要方法。转录组学的数据主要来源于微 RNA(miRNA)、基因表达和可变剪接等。本书在第 3、4、5 章都使用了转录组学中的基因表达数据进行多组学分析。

蛋白质组学从蛋白质角度分析和研究生命特征,主要研究内容包括细胞、组织及生物体蛋白质的组成及变化规律,如蛋白质表达、蛋白质间关联关系和蛋白质组翻译后修饰等,由此了解蛋白质方面关于疾病发生过程的整体认识。蛋白质组学不仅用于生命规律的研究,还可通过对比正常与病理样本间的蛋白质差异来锁定具有特异性的蛋白质分子,以此作为新药物的分子靶点或疾病标识。由于多个蛋白质在进化过程中可能会形成一种稳定的相互关联关系,以此共同来完成某一细胞的生理功能,故蛋白质间关联关系的研究和利用也是蛋白质组学研究的一个重要方面。在本书中,我们主要使用蛋白质间的关联关系来映射基因间关联关系,如本书第 3、4、5 章内容都有所涉及。

表型组学主要研究的是各种性状集合,如生物个体的物理结构、生理现象、病理特征等。生物个体的表型由其基因型决定,基因型是生物个体全部基因组合的总称,同时,表型也与环境对这些基因的影响有关。因为每个生物体在发展的过程中都会遇到独特的环境影响,在文献[39]中,定义表型为由基因型和环境因素共同影响而形成。此处的环境因素既指温度、湿度等外在条件因素,也包含其他组学的影响,这些组学处于基因型与表型之间,可以反映基因型通过环境因素导致表型变化的因果关系。由于疾病表型数据量较大,所以本书涉及的表型数据以疾病表型为主。针对此类数据,本书通过构建算法预测模型,探索多组学数据对基因型与疾病表型关联关系的影响。表型数据在后继各章节中都有涉及[40]。

2.2　相关数据库介绍

本书中所有方法中用到的数据均来自公共数据库,现对所涉及的数据库逐一进行简要介绍。

2.2.1　TCGA 数据库

癌症基因组图谱(The Cancer Genome Atlas,TCGA)计划的目的是

将收集到的各类组学数据通过基因组学分析方法进行分析,以了解癌症中各组学数据的变化[41]。在大规模的基因组测序背景下,TCGA 数据库可以方便地提供 CNV、基因表达、DNA 甲基化和更深度的外显子测序结果等数据,以此形成了包括基因组学、转录组学、表观遗传组学、蛋白组学等各个组学数据。目前,TCGA 数据库的样本量已经超过两万个,包含了几十种癌症类型,涵盖的数据类型广泛,包括 SNP 数据、CNV 数据、甲基化数据、RNA 测序数据、临床数据及生物样本数据等[42]。

本书在研究组学内部关联关系对癌症亚型聚类的影响时,主要用此数据库中的数据进行多组学分析。TCGA 数据库中的数据按照是否可以直接下载使用又可分为两种类型:controlled 型(控制型)和 open 型(开放型)。区别在于 controlled 型数据需要申请账号才能进行下载,而 open 型数据可以直接下载。TCGA 数据库中的数据有多种下载方式,可以通过官方提供的下载工具进行下载,也可以在相关网站直接下载。

2.2.2 NCBI RefSeq 数据库

美国国立生物技术信息中心参考序列(NCBI Reference Sequence,NCBI RefSeq)数据库是由美国国立生物技术信息中心(National Center for Biotechnology Information,NCBI)筛选和维护的,是一个分类多样、非冗余、有丰富注释的序列集合,包含了大量的 DNA、RNA 和蛋白质序列。(以下简称 NCBI RefSeq 为 RefSeq。)

RefSeq 数据库是基于提交给国际核苷酸序列数据库(International Nucleotide Sequence Database,INSD)的序列进行记录的[14]。与其他包含了 INSD 信息的序列冗余库不一样,RefSeq 数据库是 NCBI 筛选过的包含一套完整的非序列冗余核酸序列数据和蛋白质数据的数据库,其中几乎对每一个涉及的物种都有广泛的交联和丰富的注释。每个 RefSeq 数据都是每个阅读者与原始作者提供的综合数据,并且 RefSeq 数据库由合作人员和 NCBI 工作人员持续管理,序列记录以标准格式呈现,并经过计算验证,所以可信度较高。RefSeq 集合的非冗余性便于使用文本注释、序列或基因组位置的数据库查询。但是,RefSeq 集合确实包括编码相同蛋白质、编码不同蛋白质亚型的选择性剪接转录物,以及一些生物的同源、近同源和选择性单倍型,这将直接影响到数据查询的结果。

RefSeq 数据库支持以下功能:基因组注释、反映基因特征、比较基因组学、报告序列变化、表达研究等。RefSeq 集合可以通过几种不同的方式检索,例如使用 NCBI 资源中的可用链接检索,或通过 BLAST(basic local alignment search tool,基本局部对齐搜索工具)进行搜索,以及从相关的站点直接检索。本书研究中的部分 SNP 位点验证信息来源于此数据库。

2.2.3　MSigDB

分子特征数据库(Molecular Signatures Database,MSigDB)是一个包含数万个注释基因集的资源库,可与基因集富集分析(Gene Set enrichment Analysis,GSEA)软件一起使用,其数据分为人类集合数据和小鼠集合数据。在 MSigDB 中,可以通过关键字来搜索基因集,按名称或集合来浏览基因集,检查基因集及其解释,下载基因集,计算算法生成基因集与 MSigDB 中基因集之间的重叠度,按基因家族对基因集的成员进行分类,在提供的公共表达概要中查看基因组的表达谱,调查在线生物网络存储库中的基因集。

截至 2022 年 8 月,MSigDB 已更新至 V2022.1 版,其中人类数据库包含 9 个主要集合,小鼠数据库包含 6 个主要集合。本书研究对象主要集中在人类样本中,故仅对与以下人类基因相关的 9 个主要集合进行介绍。

(1)标记基因集(记为 H),是通过聚合许多 MSigDB 基因集而获得的一致表达的超基因组,以表示良好的生物状态或过程。

(2)位置基因集(记为 C1),对应于人类染色体的两个不同的 cytoband(细胞遗传学条带)区域。

（3）筹备基因集（记为 C2），主要包含了几乎所有已知的专家、文献和数据库提供的基因数据。大量文献中都使用了此数据库中包含的通路信息和具有一定生物意义的信号通路信息。

（4）调控靶基因集（记为 C3），提供了转录因子和 miRNA 靶基因结合区域的基因数据。无论数据属于 miRNA 片段还是转录因子，都可以通过识别一些特定基因区域集合的模体序列来直接进行基因识别，这些特定基因区域的集合结构皆是一组具有大量相同特征的模体序列编码的基因集，可以通过此集合来了解基因间具有相同结构特点的基因集。

（5）计算基因集（记为 C4），主要数据是研究癌症相关的基因数据，其中包括了用计算机预测癌症的相关基因数据。

（6）本体基因集（记为 C5），包含了基因本体（gene ontology，GO）对应的基因集合。

（7）致癌特征基因集（记为 C6），直接从癌症基因扰动的微阵列基因表达数据中定义。

（8）免疫标记基因集（记为 C7），包含了与免疫系统功能基因相关的基因序列集合。

（9）细胞类型特征基因集（记为 C8），包含了针对人类组织单细胞测序研究中确定的细胞类型的精选簇标记的基因集。

本书研究主要运用了 C2、C3 基因集，从功能及结构两方面探究基因间关联关系对疾病的影响。

2.2.4 GEO 数据库

基因表达综合（Gene Expression Omnibus，GEO）数据库也是由 NCBI 负责整理和维护的数据库。2000 年该数据库才建立起来，起初最主要的功能是记录表达基因微阵列数据，随着 GEO 数据库的流行和发展，业务逐渐扩展到许多其他的高通量数据，如甲基化、染色质结构、基因组-蛋白交互作用等。

本书第 4、5 章介绍的方法中的临床数据主要来源于 GEO DataSets（GEO 数据集，以下简称 GDS）数据库。GDS 中记录的数据是对于一组特定 GEO 样本数据信息进行的一个高度统计的精选分析与预测的集合。GDS 中的记录数据代表或包含了至少有一系列或同样一批具有同样重要的生物学功能意义和其他高度统计学意义特征信息的特定 GEO 样本，这是构成 GEO 数据信息显示分析技术体系和预测技术工具套件系统的一项重要基础。根据多组学融合方法中临床数据为同一样本量的要求，GDS 系统中的数据非常适合多组学融合分析。GDS 系统中几乎所有的样本信息及其相关数据均直接来源于同一个平台。在同一个 GDS 系统集中得到的对每个样本信息的测量值均能够以最等效的方式进行计算，即数据的处理效率和其标准化的程度等一系列的影响因素都与整个数据系统集完全一致，以此减少分析中的数据误差。GDS 子集也可以提供一些反映整个实验和模型设计实施情况的信息。本书中，临床数据主要来源于此数据库。

2.2.5　PPI 相关数据库

常见的 PPI 网络相关数据库包括[45-46]：UniProt（Universal Protein Resource，通用蛋白质资源）数据库[47-48]、PIR（Protein Information Resource，蛋白质信息资源）数据库[49-50]、PICKLE（Protein Interaction Knowledgebase，蛋白质相互作用知识库）[34]、HIPPIE（Human Integrated Protein-Protein Interaction Reference，人类整合蛋白质-蛋白质相互作用参考）数据库[51]、HPRD（Human Pprotein Reference Database，人类蛋白质参考数据库）[52-53]等。其中，PICKLE 是一个用于记录人类和小鼠蛋白质组的直接蛋白质-蛋白质相互作用组的元数据库，在第 4 章及第 5 章中，仅使用蛋白质关联关系，未使用关系权重时，采用此数据库中的数据进行分析。HPRD 是一个专门存储人类蛋白质互作用信息的数据库，在

第 6 章中,涉及蛋白质关联关系及关系权重内容时,采用此数据库中的数据进行分析。下面对这两个数据库作简单介绍。

1. PICKLE 数据库

PICKLE 数据库引入了本体集成的概念,作为通过规范化进行传统集成的替代方案,并且其遗传信息本体网络可连接基因、转录本和蛋白质遗传水平,允许集成网络逆归一化到任何遗传级别而不丢失源信息。PICKLE 数据库使用经过审核的人类完整蛋白质组和经过审核的小鼠完整蛋白质组作为其本体网络实例化的基础,为后续版本的 PPI(蛋白质-蛋白质相互作用)网络和 PICKLE 数据库的任何未来版本之间的交互作用提供了标准化的参考。

PICKLE 数据库主要关注直接的物理 PPI,并引入了 PPI 过滤协议,根据该协议,从源 PPI 数据库中只选择至少有一个支持实验能够表明直接交互作用的 PPI,便可通过遗传信息本体集成公开来源的 PPI 数据库。此外,PICKLE 数据库实现的可逆归一化过程保证了人类或小鼠集成 PPI 网络的各种归一化实例之间的直接对应。

另外,PICKLE 3.1 版本及以后的版本支持存储蛋白质和基因或核苷酸序列(如 mRNA)实体之间的相互作用,如某些来源报道的来自蛋白质与 RNA 或染色质免疫沉淀阵列/分析的实体,可用于交叉评估其他主要数据集中提供的支持证据。在同一背景下,各种类型的数据(如疾病相关基因、基因组、转录组或蛋白质组数据)可以在 PPI 网络的背景下一致地集成、查看和解释。

截至 2021 年 10 月 1 日,PICKLE 数据库已更新至 3.3 版本。本书主要利用 PICKLE 数据库来反映基因与基因间的关联关系,PICKLE 数据库中基因命名采用 Ensembl Gene ID 方式,可以利用 Ensembl 在线工具将其转化为 gene symbol(基因符号)命名方式,结合 GEO 等数据库中的相关数据来说明基因组学内部关联关系对多组学分析的影响。

2. HPRD

HPRD 中存储的蛋白质关联数据信息都是经过实验验证过的,该数据库提供了".tab"和".xml"两种蛋白质互作用数据信息格式。随着时代的发展,其数据量逐年提升,与其他数据库相比,其数据量不但最大,而且冗余信息量最少。该数据库不太友好的地方在于:数据信息的下载只支持学术免费;虽然可以很方便地查询某一个蛋白质的互作用网络信息,但对于多种蛋白间的复杂网络信息,则需要自行下载处理得到。本书中使用的 HPRD 版本是 Release920100413,该版本包含 9465 个人类蛋白质信息数据和 37039 个蛋白质互作用信息数据。

2.2.6　GTEx 数据库

基因型组织表达(Genotype – Tissue Expression,GTEx)数据库是由美国国立卫生研究院(National Institutes of Health,NIH)于 2010 年 9 月发起研究的。GTEx 数据库是第一个收集了多个人体器官 mRNA 测序的数据库,并提供了跨器官的 eQTL(表达 QTL)研究平台。

不同于 NCBI RefSeq 和 TCGA 等数据库,GTEx 数据库的主要研究对象为人体的多个细胞组合或多种器官样本,所以该数据库仅包含正常样本的数据。GTEx 就是针对此类样本进行基因转录组学测序技术应用和基因分型分析,形成具有组织结构特异性功能的基因特异表达监测和功能调控技术的数据库。

该数据库对所研究样本主要进行三种分析:RNA – seq(RNA 测序)、genotype(基因型)、eQTL。RNA – seq 通过测序定义了基因水平、外显子水平和转录本水平三个水平的定量;genotype 通过全基因组测序对样本进行分型表示;eQTL 可分析不同器官下 SNP 与基因的关联关系。

本书主要借助 GTEx 数据库中 eQTL 部分数据内容,结合 GEO 数据库中的数据,分析特定器官中 SNP 与基因的关联关系。

2.3 算法评价指标

在算法性能评价方面,本书主要涉及聚类和分类两类算法的评价方式[54]。

2.3.1 聚类算法评价指标

在聚类算法评价方面,主要涉及本书第 3 章中的算法,第 3 章的算法是在 SNF 和 SNF - CC(SNF - consensus clustering,SNF 一致性聚类)算法的基础上进行改进的,我们仍然沿用其原有的算法验证方式,即在同一标准下对比验证,更能体现出改进后算法的优越性。原有算法在验证时,主要从两个角度进行分析说明,第一是聚类的紧密程度[55],第二是 Cox 回归模型(考克斯回归模型)中的 p 值[56]。

(1)聚类的紧密程度 $s(i)$ 求解过程如下式所示:

$$s(i) = \frac{b(i) - a(i)}{\max(a(i), b(i))} \qquad (2-1)$$

其中,$a(i)$ 代表同一子类型中患者的非相似均值;$b(i)$ 代表不同子类型中患者的最低非相似均值;i 表示某一聚类。紧密程度 $s(i)$ 的平均值被用来衡量集群中所有数据的紧密程度。如果 $s(i)$ 接近 1,意味着数据应当属于同一类型,即 $s(i)$ 越接近 1,说明聚类结果越紧密,方法越有效。

(2)Cox(考克斯)比例风险回归模型,简称 Cox 回归模型,主要用于癌症、肿瘤等疾病的预测分析,在使用过程中,应该满足比例风险假定的前提,即假定风险比(hazard ratio,HR)不随时间的变化而变化。在 Cox 回归模型中,p 值一般用来对生存分离的对数秩进行检验,阈值设置为 0.05。p 值小于 0.05,说明模型有效,且 p 值越低,则差异生存的可能性越小,不同亚型之间的存活率差异越大。

以上两种评价标准,紧密程度体现的是各聚类簇之间有无交错干扰,而 p 值体现的是亚型之间的生存状况差异,可以用生存状况来直观反映聚类效果,所以当紧密程度达到一定值时,我们更关注 p 值的大小。

2.3.2　分类算法评价指标

在分类算法评价方面,主要涉及本书第 4、5、6 章内容,而且均为二分类问题。本书根据多组学融合方法的特点,在进行分类评价时,一般进行三种分析:预测结果分析、样本量分析和通路分析。

预测结果分析可以表述为 0 或 1 的二分类模型评价,算法分类后的结果与真实结果可能存在差异,因此有可能出现四种情况:真正例(true positive,TP)、假正例(false positive,FP)、真负例(true negative,TN)、假负例(false negative,FN),如表 2-1 所示。二分类问题常用的评价指标:精度(A_{cc})、错误率(E_{rr})、查准率(P)、查全率(R)、ROC 曲线(receiver-operating characteristic curve,接受者操作特征曲线)、曲线下面积(area under the curve,AUC)等。从表 2-1 中可以得出,样本总量 $N = $ TP + FP + TN + FN,则精度 A_{cc}、错误率 E_{rr} 分别为

$$A_{cc} = \frac{\text{TP} + \text{TN}}{N}$$

$$E_{rr} = \frac{\text{FP} + \text{FN}}{N} \tag{2-2}$$

除了精度和错误率以外,还有两项重要指标:查准率 P 代表预测的正例中准确值的比例、查全率 R 代表正例中被准确分类的比例。分别为

$$P = \frac{\text{TP}}{\text{TP} + \text{FP}}$$

$$R = \frac{\text{TP}}{\text{TP} + \text{FN}} \tag{2-3}$$

表 2 - 1　二分类模型的混淆矩阵

真实类别	预测类别	
	正例	负例
正例	TP	FN
负例	FP	TN

为了考察查准率和查全率之间的关系,可以建立查准率-查全率曲线,也称为 P -R 曲线或 P -R 图。P -R 曲线考察的是查准率和查全率之间的关系,衡量的是一种模型对于正例的分类效果。另一种更常用的衡量模型是 ROC 曲线,不同于 P -R 曲线,ROC 曲线考察的不是查准率和查全率,而是真正率和假正率。

真正率(true positive rate,TPR),其描述的是实际正样本中预测正确的概率,公式为

$$TPR = \frac{TP}{TP+FN} \tag{2-4}$$

假正率(false positive rate,FPR),其描述的是实际负样本中预测错误的概率,公式为

$$FPR = \frac{FP}{FP+TN} \tag{2-5}$$

当然,也有相应的真负率和假负率。

真负率(true negative rate,TNR),其描述的是实际负样本中预测正确的概率,公式为

$$TNR = 1 - FPR = \frac{TN}{FP+TN} \tag{2-6}$$

假负率(false negative rate,FNR),其描述的是实际正样本中预测错误的概率,公式为

$$FNR = 1 - TPR = \frac{FN}{TP+FN} \tag{2-7}$$

如果将正例作为假设检验问题的原假设,则 TPR 、FPR 与统计学中的第一类错误概率 α 和第二类错误概率 β 的对应关系为 TPR＝1－α、FPR＝β。在癌症等疾病问题分类中一般称 TPR 为敏感度、称 TNR 为特异度,则二者与假设检验中第一类错误概率 α 和第二类错误概率 β 的对应关系为敏感度＝1－α、特异度＝1－β。

与 P-R 曲线不同,实际应用中 ROC 曲线虽然也不是光滑的,但一定是单调的。对于一般的情况,ROC 曲线越靠近左上角,说明分类器的效果越好,当难以直观判断时,可以利用 ROC 曲线的曲线下面积(AUC)进行比较,AUC 越大,说明分类效果越好[57]。

样本量分析的主要思路是将样本量采用等差序列的方法递减,生成多个样本集,依次测试不同样本集对算法的影响(包括算法准确率、算法耗时等)。在本书中,样本量分析还可测试小样本下算法的鲁棒性,最终针对不同样本量进行测试,说明算法对样本量的敏感性及各算法对最低样本量的要求。

通路分析的主要思路是根据预测结果求解通路权重并进行排序,然后与已知数据库进行对比,判断通过算法寻找的通路的正确性。本书通路权重求解主要涉及三层异构网络,将其分为两个双层网络后,可分别求解各双层网络的层间关联权重(如果没有边存在,则边权重设为 0)。由于各双层网络可能采用不同的算法进行权重求解,会造成数据间的标准不一致,为了消除这种不一致性,可以对各双层网络权重进行标准化,一般采用 softmax 函数进行标准化处理,最后再将各组学层间权重进行组合。组合的方式主要有两种:一种是两层权重直接相乘[19],另一种是采用增加超参 β',将两层权重乘以超参系数并相加[58]。具体举例如下:将 SNP-基因-表型三层异构网络分为两个双层网络,依次求解两个双层网络层间权重并将其标准化,假设 SNP_1 与基因$_1$的关系权重为 m,基因$_1$与表型$_1$的关系权重为 n,采用第一种方法,则 SNP_1 与表型$_1$最终的

关系权重为 $m \times n$;采用第二种方法,则 SNP_1 与表型$_1$最终的关系权重为 $\beta' m + (1 - \beta') n$,其中超参 β' 可以通过枚举测试获得。最终权重大小可以反映该通路的重要程度。

2.4 本章小结

本章首先介绍了多组学数据的由来、分类及关系,主要包括基因组学、表观遗传组学、转录组学、蛋白质组学和表型组学;然后介绍了后续章节算法中所涉及各组学数据出处及相关关联数据库,如 TCGA 数据库、NCBI RefSeq 数据库、MSigDB、GEO 数据库、PICKLE 数据库、GTEx 数据库;最后对本书涉及各算法的评价方式进行了介绍。本章内容是后续研究内容的理论基础和数据基础,为后续各算法提供了数据来源依据和评价指标依据。

第3章 基于组学内部关联关系的多组学融合分析

3.1 引言

近年来,高通量技术的不断发展、测序成本的不断下降,使得收集各类基因组学数据更加容易。以数据作为支撑,可研究多组学间的相互作用,如 DNA、RNA、蛋白质和代谢物通常具有协同调控作用,共同协作发挥一定的生物学功能[59]。

由于单组学数据无法全面地反映出复杂的生物系统,通过对各组学数据进行融合分析,可以更加全面地分析基因组学、表观遗传组学、转录组学等在人类健康和复杂疾病中的作用[60]。再者,我们对各关键组学的探索有限,数据整合可以为我们提供多角度的分析,以定义关键的生物因素与解释或预测疾病或与其他生物结果之间的重要关系[61]。在单组学研究已经取得一定成果的基础上[62-63],采用多组学方法可更好地了解分子功能和疾病病因。多组学方法整合了来自不同基因组水平的数据,旨在研究各类组学分子之间的相互关系和对疾病过程的关联影响。

目前,各组学数据的融合方法,如 SNF[24]、SNF - CC[64]等,旨在从不同角度的各组学数据出发来分析癌症的产生[15,23]。有很多文献对这些方法不断地改进及完善,主要集中在对算法的优化上[65-66],但各类优化方法并未考虑各组学数据内部及各组学数据之间具有生物意义的关联关系,如:基因之间的相互影响与癌症产生及发展的关系[27];包含相同序列的基因对癌症产生及分类的影响[67];癌症的产生与基因在染色体中的位置是否有关[68];基因组学对表观遗传组学、表观遗传组学对转录组学的相互作用关系与癌症的产生有无关联等[69]。另外,细胞功能是通过基因间的相互协调或相似基因的共同作用来实现的,这促进了一系列基因间的相互关联,从而产生从细胞代谢到细胞信号传递等多种多样的行为[70],而这些相互关联的基因,常常被发现处于同一通路或具有相似基因序列。考虑以上原因,我们可以利用代表基因通路的通路数据集及代表相似基因序列的模体数据信息来反映基因内部关联关系,结果表明,与未考虑组学内部关联关系相比,融入通路及模体数据信息后,聚类效果在各个方法中都有不同程度的提升,更能反映生物关联实际,所以在后续第4、5、6章的研究中,我们均考虑了组学内部关联关系。

3.2 算法介绍

为了更加清楚地理解最终算法的实现过程,需先简要介绍后续方法中所使用的一些基本算法。首先介绍非线性降维的等度量映射(Isomap)算法,然后介绍多组学数据融合的 SNF 算法和 SNF－CC 算法,最后对算法实现作详细说明。

3.2.1 Isomap 算法

为了更全面地描述一个事物,人们通常会从多种特征不同角度来定义该事物。然而,更多的特征并不一定能更好地提升模型性能,因为各模型关注的角度不同,所以对于不同的模型,事物的各特征对其影响的程度不同,导致许多特征相对于指定模型并不重要。此外,如果数据的特征量过多,则意味着需要更多的样本量与之相对应,以此确保多种特征在模型中有很好的表示,即样本量随着特征量的增多而增加,但很多数据的样本量难以获得,且更多的样本量及特征量就意味着算法模型更加复杂,这样会使过拟合变得更加敏感,因此,我们需要采用降维方法来减少数据集的特征量。降维中的"维"指维度,即数据特征的数量。一般来讲,降低特征维度的思路有两种。一种是进行特征筛选,直接通过条件或算法减少特征数据集自身的数量,相当于从原有特征数据集中选择其子集,这种方式的好处在于原有特征的属性并未发生改变,可以在结果中反映出原有特征对结果的影响。另一种是进行特征降维,通过特征间的关联关系,组合不同的特征项以得到新的特征,从一个维度空间映射到另一个维度空间,这样就改变了原来的特征空间,所以无法还原追踪到原有特征。本章中主要利用 Isomap 算法进行降维,其为一种特征降维方法,所以在本章节中,我们主要介绍特征降维方法,后续章节我们会针对特征筛选降维进行介绍。

特征降维方法通常有两种降维方式。一种是提供点的坐标关系进行降维,如主成分分析(principal component analysis,RCA)算法,其主要思想是在原有特征维度的基础上进行映射变维,在新的维度空间进行表示,由于新产生的所有维度之间要求正交,所以所产生的新 K 维数据往往比原有 N 维数据的维度要低($K<N$),以此达到降维的目的。另一种是根据距离关系进行降维,如多维尺度变换(multidimensional scaling,MDS)算法[71],其要求在降维后的低维空间中,所有样本相互之间的距离等于(或最大程度接近)原降维前空间中样本的距离,保持降维后的样本间距离不变,保留原始数据的相对关系。PCA 和 MDS 两种算法都是线性降维方法,二者使用范围有限,而 Isomap 算法是 MDS 降维算法的演变[72],近年来,它作为主要的非线性降维方法被广泛使用[73]。Isomap 算法与 MDS 算法的主要区别在于距离的计算方式上:MDS 算法在计算距离时采用欧氏距离的方式,而 Isomap 算法旨在保留高维数据的几何特征,即保持降维前后任意点间的测地距离不变,在测地距离计算方面,较近点可以采用欧氏距离方式来代替,较远点则需使用最短路

径的方法进行近似求解。

Isomap 算法主要包括以下三个步骤。

(1)构造邻接图;

(2)计算给定邻接图的测地距离矩阵;

(3)通过经典的 MDS 算法,获取低维嵌入。

在高维空间中测地距离很远的两个点,其欧氏距离可能很近,因此非线性数据结构不适合直接采用 PCA 算法和 MDS 算法进行分析。大量文献在进行基因表达数据降维处理时,将非线性降维算法 Isomap 和线性降维的 PCA 算法进行了对比[70,73],结果表明,Isomap 算法在复杂基因表达数据的可视化和聚类分析方面优于 PCA 算法,可以用更低维的嵌入空间来表示原有数据信息。

Wilk 等人[70]通过对比实验验证了采用非线性的 Isomap 降维算法能够更真实地反映基因间的相互关联关系,所以在本章中,我们采用 Isomap 算法对基因间的相互关系进行降维。在使用 Isomap 算法时需要考虑最优的近邻值 k 和流形的维数 d 两个参数。若参数 k 值过小,则会造成流形子模块过多,整个流形结构被分成太多不相交的子集模块,无法反映整体特征信息,而若 k 值过大,又会将所有数据集生成一个或少量几个局部域,无法充分反映数据特征。参数 d 也是同样的道理,若 d 值越大,则数据特征越详细,越能充分保持数据的几何特性,但是维度过高,则无法达到降维效果。本章降维的目的是在尽量减少信息损失的情况下,将数据压缩到 1 维,所以,参数 d 已经被限定,现在需要考虑的是如何选取 k 值,使数据信息尽量集中在第 1 维中,以达到最优降维效果。这里,我们借鉴了 Tenenbaum 等人[74]提出的"残差法"的思想,这种思想主要通过寻找残差曲线拐点来确定最优维数,即随着维数的增加,残差曲线停止下降时,则该拐点所对应的数值被认为是最优维数。本章我们通过使用 Isomap 算法的特征值来计算该拐点值。Isomap 算法的特征值类似 PCA 降维算法中的特征值,反映了所处维度上的值所占的权重。通过取不同的 k 值,可得到各组对应特征值。针对某一 k 值,我们将其特征值进行排序($\lambda_1 \geqslant \lambda_2 \geqslant \cdots \geqslant \lambda_n$),若想拐点出现在第 1 和第 2 个特征值之间,我们可以利用数学公式 $E = (\lambda_1 - \lambda_2)/(\lambda_2 - \lambda_3)$ 求解出 E 值(拐点值)。对于不同 k 值,用此公式求解出不同的 E 值,最大的 E 值表明降至 1 维的数据能最大化保持原有数据信息,此时的 k 值为我们所求出来的最佳近邻值参数 k。

3.2.2　SNF 算法

1. 算法的功能介绍

高通量技术的不断发展和测序技术的广泛应用已经使收集各种类型的全基因组数据成为可能。例如,癌症基因组图谱的大规模研究已经为成千上万的患者收集了超过 20 种癌症的基因组、转录组和表观遗传组信息,如此丰富的数据使得整合的方法对捕获生物过程和表型的异质性至关重要。

最简单的整合生物数据的方法是将各种生物领域的测量标准化,然后进行直接数据拼接。如对每个样本 mRNA 的表达值和 DNA 甲基化值进行数据串并,对比于原数据,拼接后的数据信噪比更大了。为了避免这种情况的发生,一种常见的策略是在组合数据之前对每个数据类型进行独立分析,然而,这种独立的分析往往导致数据难以融合;另一种方法是从每个数据源中预先选择一组重要的基因数据,对其进行信号增强,并使用一致性聚类算法来合并数据。然而,预先选择基因会导致有偏倚的分析,因为其只关注于常见的模式,从而忽略了有价值的额外信息,如 iCluster(集群)算法使用了一种整合聚类的潜在变量模型,尽管很有效,但 iCluster 算法和相关的机器学习方法一样,并不能达到全谱范围数据的有效利用,使得这些方法对基因的预选步骤太过敏感。Wang 等人[24]提出的 SNF 算法的不同之处在于,其使用样本(如患者)网络作为集成的基础,首先构建每个组学数据类型的样本相似性网络;然后利用数据的互补性迭代融合各个组学数据类型的样本相似性网络,有效地将这些相似性网络融合为一个可以表示各个组学数据特点的全网络;最后对这个全网络进行聚类分析。

SNF算法主要分为两个步骤执行:一是构造每类数据的相似性网络,二是将这些相似性网络融合为一体,形成一个网络。SNF算法首先为每个数据类型创建一个网络,然后将这些数据融合到一个相似的网络中,初始步骤是使用每对样本的相似度度量为每种数据类型构造一个抽样的相似矩阵,节点代表样本,加权边代表成对样本的相似性。矩阵和网络都是有效的视觉表示,相似矩阵有助于识别全局模式(聚类),而网络则强调详细的相似模式和支持每条边的数据类型,通过迭代更新每个网络,使其在每次迭代时更类似于其他网络,经过多次迭代,SNF收敛为一个网络。该方法对各种超参设置都有很强的鲁棒性。此整合程序的优点是使弱相似性(低权重边)消失,有助于减少噪声,在一个或多个网络中出现的强相似性(高权重边)被添加到综合网络中。此外,所有网络都支持的低权重边,取决于它们的团簇模型在网络上的紧密联系,这种非线性使得SNF算法能够充分利用网络的本地结构,并在网络中集成共同的和互补的信息。

2. 算法实现

SNF算法通过分别构建各组学数据的样本相似性网络,利用各组学数据的互补性计算来融合患者间的相似性网络,通过迭代更新每个组学网络与其他网络的信息,形成最终的融合网络进行聚类。各组学数据要求来源于同一样本,假如我们有基因表达数据及甲基化数据,矩阵的行代表样本,列代表基因表达数据或甲基化数据的表达值,可以根据这样的原始数据分别得到两个样本间的相似矩阵,为了更直观地展示,我们使用患者网络示例。

1)整理数据

整理数据包括异常数据的剔除、缺失数据的填充、归一化处理等操作。如果一个患者的缺失数据达 20％以上,则剔除该患者,若缺失数据小于 20％,则采用 KNN(k‐nearest neighbor,k 近邻)算法进行填充。数据集通过剔除或填充完整后,再用公式(3‐1)进行归一化处理:

$$\tilde{f} = \frac{f - E(f)}{\sqrt{\mathrm{Var}(f)}} \tag{3-1}$$

其中,f 代表组学数据值;$\tilde{f}$ 代表归一化后的组学数据值;$E(f)$、$\mathrm{Var}(f)$ 分别代表均值和方差。

2)边权重的求解

假设有 n 个患者样本,患者相似性网络表示为 $G=(V,E)$ 图,顶点 V 对应 n 个样本 $\{x_1, x_2, \cdots, x_n\}$,边 E 的权重由一个 $n \times n$ 相似矩阵 $\boldsymbol{W}$ 表示,$W(i,j)$ 则代表患者 i 和患者 j 间的相似度。具体用公式(3‐2)求解如下:

$$W(i,j) = \exp\left(-\frac{\varrho^2(x_i, x_j)}{\mu \xi_{i,j}}\right) \tag{3-2}$$

其中,$\rho(x_i, x_j)$ 是样本 x_i 与 x_j 之间的欧氏距离;μ 是一个超参,推荐的取值范围为 $[0.3, 0.8]$;$\xi_{i,j}$ 用来解决数据缩放问题,定义如下:

$$\xi_{i,j} = \frac{\mathrm{mean}(\rho(x_i, N_i)) + \mathrm{mean}(\rho(x_j, N_j)) + \rho(x_i, x_j)}{3} x_j \tag{3-3}$$

其中,$\mathrm{mean}(\rho(x_i, N_i))$ 指的是样本 x_i 与其各邻居结点 N_i 的距离平均值,同理可知 $\mathrm{mean}(\rho(x_j, N_j))$ 的意义。

3)求出 $\boldsymbol{P}$、$\boldsymbol{S}$ 矩阵

将 $\boldsymbol{W}$ 矩阵进行标准化得到矩阵 $\boldsymbol{P}$,定义为 $\boldsymbol{P} = \boldsymbol{D}^{-1}\boldsymbol{W}$,$\boldsymbol{D}$ 为对角阵,其值表示为 $D(i,i) = \sum\limits_{j} W(i,j)$,然而这种标准化可能会涉及在对角线上的自相似问题,造成数值的不稳定,因此可用公式(3‐4)去除对角线上自相似的尺度,且使 $\sum\limits_{j} P(i,j) = 1$。

$$P(i,j) = \begin{cases} \dfrac{W(i,j)}{2\sum\limits_{k \neq i} W(i,k)}, & j \neq i \\[4mm] \dfrac{1}{2}, & j = i \end{cases} \qquad (3-4)$$

可以看出，P 矩阵代表的是每个样本与其他样本的相似度的全部信息。为了与其他组学进行迭代时提高计算效率，SNF 算法又采用 k 近邻算法，定义了与样本 x_i 密切相关的前 N_i 个样本的相似度并指定与其余样本的相似度为 0，可用公式（3-5）定义：

$$S(i,j) = \begin{cases} \dfrac{W(i,j)}{\sum\limits_{k \in N_i} W(i,k)}, & j \in N_i \\[4mm] 0, & j \notin N_i \end{cases} \qquad (3-5)$$

由此可以看出，S 矩阵是由 P 矩阵通过 k 近邻算法产生的，此操作可以减少样本间的噪声，所以 SNF 算法对相似度量中的噪声具有鲁棒性。在各组学信息融合的过程中，SNF 算法通过对矩阵 P 和矩阵 S 的迭代运算，既能捕获相似性网络图的局部结构，又能提高计算效率。以 mRNA 表达数据及 DNA 甲基化数据两种组学数据为例，根据 SNF 算法，可通过计算各组学数据分别产生 P、S 矩阵。将 mRNA 表达数据所形成的 P、S 矩阵分别记作 $P^{(1)}$、$S^{(1)}$，将 DNA 甲基化数据所形成的 P、S 矩阵分别记作 $P^{(2)}$、$S^{(2)}$，采用迭代公式（3-6）进行迭代：

$$\begin{cases} P_{t+1}^{(1)} = S^{(1)} \times P_t^{(2)} \times (S^{(1)})^{\mathrm{T}} \\ P_{t+1}^{(2)} = S^{(2)} \times P_t^{(1)} \times (S^{(2)})^{\mathrm{T}} \end{cases} \qquad (3-6)$$

其中，$P_{t+1}^{(1)}$ 指的是 mRNA 表达数据经过 $t+1$ 次迭代后生成的相似矩阵；$P_{t+1}^{(2)}$ 指的是 DNA 甲基化数据经过 $t+1$ 次迭代后生成的相似矩阵。求得各组学数据的相似矩阵 P 后，可通过求均值的方法得到最终的 $P^{(c)}$ 矩阵，如公式（3-7）所示：

$$P^{(c)} = \frac{P_t^{(1)} + P_t^{(2)}}{2} \qquad (3-7)$$

当组学数据的类型个数大于两个时,可通过公式(3-7)求解各组学数据的相似矩阵 $\boldsymbol{P}^{(\nu)}$,式中 m 代表组学数据类型的个数。

$$\boldsymbol{P}^{(\nu)} = \boldsymbol{S}^{(\nu)} \times \left[\frac{\sum_{k \neq \nu} \boldsymbol{P}^{(k)}}{m-1}\right] \times (\boldsymbol{S}^{(\nu)})^{\mathrm{T}}, \nu = 1,2,\cdots,m \qquad (3-7)$$

经过 t 次迭代后,最终的收敛矩阵如公式(3-8)所示:

$$\boldsymbol{P}^{(c)} = \frac{\boldsymbol{P}_t^{(1)} + \boldsymbol{P}_t^{(2)} + \cdots + \boldsymbol{P}_t^{(m)}}{m} \qquad (3-8)$$

得到最终的样本相似矩阵 $\boldsymbol{P}^{(c)}$ 以后,可以根据 $\boldsymbol{P}^{(c)}$ 矩阵进行分类、聚类等下一步工作,本章的后续工作主要集中在癌症亚型的聚类及预测上。

4)总结

SNF 算法也被称为基于中间转换的整合方法,该类方法的关键是能够在各组学间找出共同因子作为中间形式,并将其看作各组学数据关联的桥梁。该类方法的思路可以概括为,首先将各多组学数据集转换为一种各组学数据共有的中间形式,再将中间形式进行融合来产生预测模型。由于各组学数据的样本相同,所以在运用 SNF 算法的过程中可以将各组学数据转化为样本间相似性网络的中间形式,通过迭代更新每个组学网络与其他网络的信息,利用各组学数据的互补性进行融合分析,形成最终融合网络进行聚类。SNF 算法被提出时,是将 mRNA 表达数据、DNA 甲基化数据和 miRNA 表达数据相结合来构建患者网络以确定不同生存特征的疾病亚型,当然 SNF 算法也有许多其他方面的应用。

在临床领域,患者网络允许不同类型的测量值,如微生物组和代谢组学数据、问卷和功能磁共振成像数据,以及基因组、临床和人口统计学数据的整合,只要数据可以用来确定患者之间的相似性,就可以使用 SNF 算法进行分析。SNF 算法不仅可以将人类作为中间网络结点,而且只要数据包含统一的特性(如患者标识符),就可以使用此方法进行整合。此方法解决了各组学数据类型多样化、数据度量尺度不统一的问题,例如将转录基因、表观遗传和基因数据与不同的番茄菌株相结合,可以帮助我们想象生物学上的相似性是如何与番茄的甜味等表型相关的。SNF 算法还可以通过从各种实验中整合组织特异性基因表达数据来提高基因表达网络的可靠性和消除实验偏差。该方法的缺点在于:各组学数据单独转换,无法发现组学间的关联影响,致使识别不同类型数据之间的交互作用(如 SNP 和基因表达交互作用)变得困难。

3.2.3 SNF - CC 算法

SNF 算法能够有效地融合多个组学类型的数据,生成最终的样本相似矩阵,而谱聚类[75]只需要数据之间的相似矩阵就可以完成聚类操作,所以,Wang 等人[24]在用 SNF 算法得到样本间的相似矩阵后使用谱聚类的方法完成了后续的聚类计算。谱聚类[76]在运算过程中需要预先给定一个聚类的数目。但聚类个数的取值没有依据可循,不能提供客观的分类数目的标准和分类边界,没有统一的标准去比较不同分类数目下分类的结果,只能通过经验或尝试设定聚类个数来解决。基于以上问题,研究者们以 SNF 算法为基础,提出了 SNF - CC 的算法。该算法是将 SNF 算法与一致性聚类(consensus clustering,CC)算法[77-78]在癌症亚型分类中进行联合运用,即首先使用 SNF 算法获得融合后患者间的相似矩阵,然后将融合后患者间的相似矩阵作为一致性聚类的输入进行聚类运算。一致性聚类算法的主要目的是验证聚类的合理性及评估聚类的稳定性,并优化原有 SNF 算法。

3.2.4 整体算法实现

本章方法主要从多组学融合方法处理各多组学数据时,并未考虑组学内部关联关系入手,通过融入转录组学内部关联关系来测试其对算法的影响。转录组学在本章中主要使用基因表达数据来体现,在融入转录组学内部关联关系时从两方面进行考虑,一是代表基因间功能关系的通路数据,二是代表基因间结构关系的模体数据。首先从基因表达数据中选择各通路数据或模体数据的相关基因,利用 Isomap 算法对两种基因间的关联关系分别进行降维,通过降维算法中超参的选择,使降维后向量中的第 1 维数据能最大可能地代表整个向量的信息,并将第 1 维数据作为该基因关系的代表值,各基因关系代表值所形成的数据矩阵作为一种新的类型数据,融入多组学数据中,再利用 SNF 和 SNF-CC 算法进行聚类分析。因通路数据与模体数据的处理过程类似,在讲解数据处理过程中,以通路数据处理为例进行详细说明。

SNF 算法和 SNF-CC 算法的具体步骤如下。首先,假设一个基因处于某一个通路中,则该基因表达量的变化会影响整个通路的功能。基于这样的假设,我们从基因表达量这个转录组学数据中提取各通路中相关基因的转录组学数据,每个通路都会形成各样本与该通路相关基因的关系矩阵,由于多维基因表达数据特征在后续聚类算法中的应用较困难,故需采用适合的降维方法进行处理。在降维过程中,应该考虑两方面内容:①考虑哪种降维方式适合对基因关系矩阵进行降维,以保证低维空间最大化地保留原有信息;②当降维方法选定后,如何进行参数选择,使降维后的数据形式类似其他组学数据形式,并仍能最大化地保留原有信息。文献[70]证明,采用 Isomap 降维算法在复杂基因表达数据的可视化和聚类分析方面优于其他降维方法,且降维后的第 1 维数据能最大化地表示整个通路信息,具体过程是将由多个基因组成的通路向量采用 Isomap 降维算法进行降维,使降维后的第 1 维数据能最大化地表示整个通路信息,这样便可以选择第 1 维数据代表整个通路信息,将得到的各通路第 1 维数据进行合并,如 p 个通路信息可直接组成关于 p 个通路信息的向量表示,如果有 n 个样本,则可组成关于通路的表达矩阵

（$n_{样本} \times p_{通路}$）。同样的过程处理模体数据，得到 $n_{样本} \times q_{模体}$ 矩阵。在后续的方法处理中，可以将这两个转录组学内部关联关系矩阵等同其他组学类型数据参与运算，再利用之前的数据融合方法进行癌症亚型聚类分析。融入通路和模体信息的模型框架如图 3-1 所示。

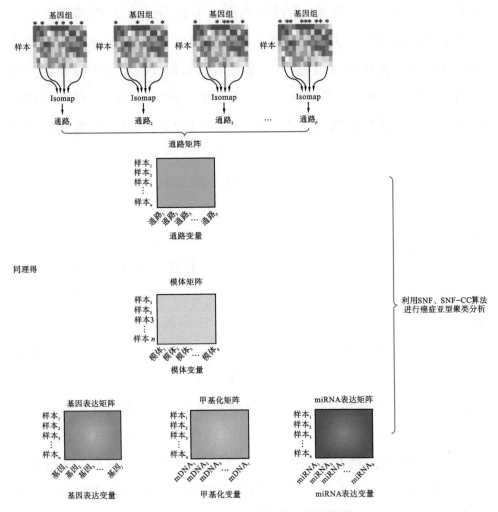

图 3-1　融入通路和模体信息的模型框架

与未考虑基因间关联关系的 SNF 算法和 SNF-CC 算法进行对比，本章方法融入了基因间的两种关联关系。为了能直接使用 SNF 算法和 SNF-CC 算法进行后续分析，我们将这两种关联关系进行降维处理，使它们与其他组学数据类型具有相同的矩阵形式。各样本的通路相关基因和模体相关基因通过降维,分别形成通路矩阵和模体矩阵,通过此操作,相当于在原有基因表达矩阵、甲基化矩阵和 miRNA 表达矩阵的基础上增加了两个矩阵数据,即基因功能关联关系矩阵和基因结构关联关系矩阵,这两个矩阵数据可以反映基因间的关联关系。通过融入这两个矩阵数据可验证基因间关联关系对 SNF 和 SNF – CC 等聚类算法的影响。

3.3　数据来源及预处理

为了研究方法的有效性,本章利用基因表达数据、甲基化数据、miRNA 表达数据等多组学数据对癌症亚型进行预测。

在过去多年中,乳腺癌及肺癌等癌症数据一直被各类方法(包括 SNF 算法和 SNF – CC 算法)用来做癌症类型分析和对比实验,因此,本章从 TCGA 数据库中下载了乳腺癌及肺癌的基因表达数据、甲基化数据、miRNA 表达数据等组学数据,用这些数据进行验证更能体现方法的普遍适用性。具体数据明细如表 3 – 1 所示。

表 3 – 1　癌症类型/mRNA 表达数量/DNA 甲基化数量/miRNA 表达数量/样本量表

癌症类型	mRNA 表达数量	DNA 甲基化数量	miRNA 表达数量	样本量
乳腺癌	17814	23094	354	105
肺癌	12042	23074	352	106

通路数据信息和模体数据信息来源于 MSigDB v7.1 的 C2、C3 基因数据集。其中,C2 集包含以下两个子集:经典的通路子集和具有一定生物意义的信号通路子集,主要由 9 个数据库汇集而成,共计包含 5529 个基因;C3 集包含了 miRNA 靶基因和转录因子结合区域等具有相同模体序列的基因集。选取这两个基因集主要出于两方面的考虑:第一,这两个基因集分别从功能和结构两个不同角度反映基因间的相互关系,能

更加全面地反映基因间关联关系对多组学融合方法的影响;第二,这两个基因集所包含的基因数量较大,能够最大化反映基因间的相互作用。

3.4 实验结果分析

在多组学数据中融入基因关联关系,并将其使用在 SNF 算法和 SNF - CC 算法中进行对比,以此验证组学内部关联关系对多组学融合算法的影响。由于仅融入通路数据信息和仅融入模体数据信息,算法结果提升不明显,所以,在实验结果对比中,我们仅对比各类疾病中未融入基因关联关系和融入了通路及模体两种关联关系的结果。

从以下各实验分析图可以看出,融入基因间关联关系后,各聚类的生存曲线更加分离,说明本章方法对聚类的整体效果都有一定提升。从图 3 - 2、图 3 - 3,图 3 - 4、图 3 - 5 可以看出,在乳腺癌亚型分类中,融入通路及模体数据信息后,使得 SNF 算法及 SNF - CC 算法生存曲线的层次更加明显;p 值体现的是亚型之间生存状况的差异,可以从生存状况来直观反映聚类效果,p 值越小,表明聚类准确度越高;平均聚类紧密程度值也有明显提升,表明对每一个样本都能进行更清晰的聚类划清。从图 3 - 6、图 3 - 7、图 3 - 8、图 3 - 9 得出,在肺癌亚型分类中,融入通路及模体数据信息后,SNF 算法及 SNF - CC 算法生存曲线的层次同样更加明显,p 值更小,聚类准确度更高。在图 3 - 9 中平均聚类紧密程度值虽有一定程度的下降,会造成聚类热力图出现一定的干扰,但不影响整体聚类效果,且生存曲线有明显提升,说明聚类整体效果更准确。

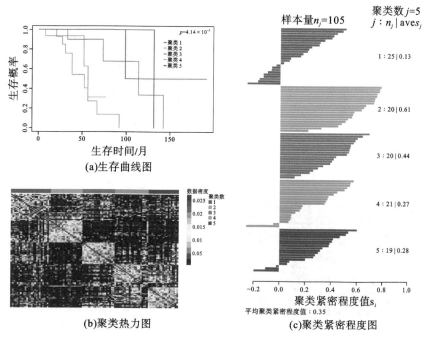

图 3-2 未融入通路和模体数据信息,使用 SNF 算法对乳腺癌亚型进行分类

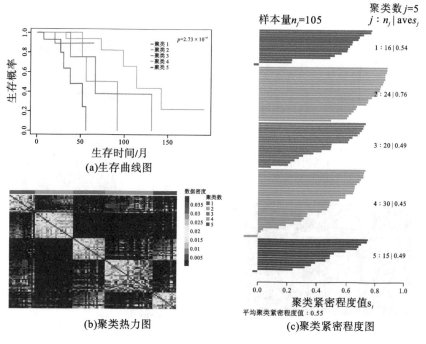

图 3-3 融入通路及模体数据信息,使用 SNF 算法对乳腺癌亚型进行分类

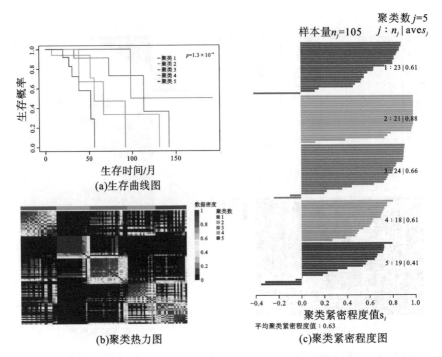

图 3-4 未融入通路及模体数据信息,使用 SNF-CC 算法对乳腺癌亚型进行分类

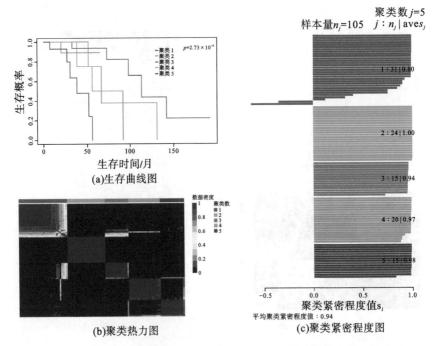

图 3-5 融入通路及模体数据信息,使用 SNF-CC 算法对乳腺癌亚型进行分类

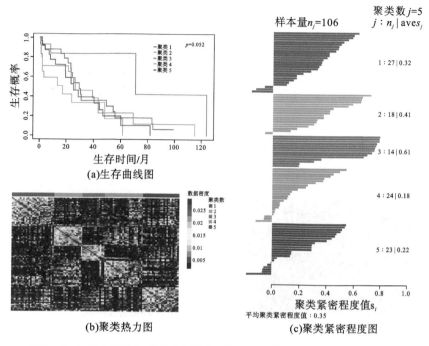

图 3 - 6　未融入通路和模体数据信息,使用 SNF 算法对肺癌亚型进行分类

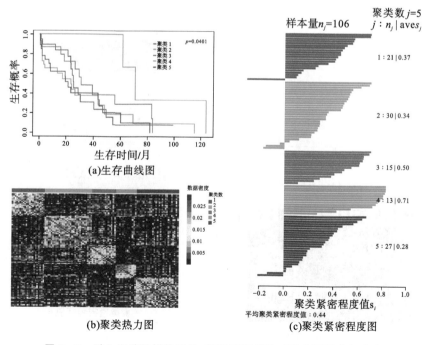

图 3 - 7　融入通路及模体信息,使用 SNF 算法对肺癌亚型进行分类

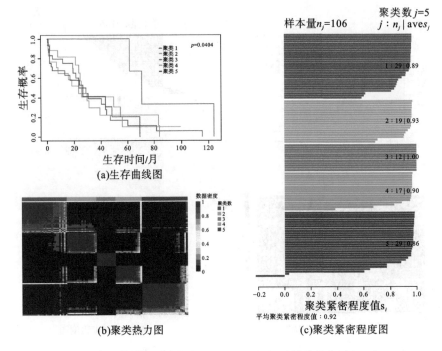

图 3-8　未融入通路及模体信息，使用 SNF-CC 算法对肺癌亚型进行分类

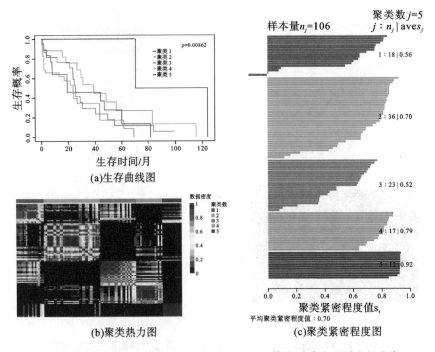

图 3-9　融入通路及模体信息，使用 SNF-CC 算法对肺癌亚型进行分类

为了更直观地进行对比,我们将两种疾病在两种算法中的 p 值和平均聚类紧密程度值罗列在表 3-2 中。从表中可以发现,乳腺癌数据在未融入基因间关联信息情况下,SNF-CC 算法在 p 值和平均聚类紧密程度值两项评价指标上都优于 SNF 算法。当乳腺癌数据融入基因间关联信息时,两种算法的 p 值均有不同程度的下降,p 值在 SNF 算法中已下降到最低程度,在 SNF-CC 算法中再无法下降,平均聚类紧密程度值明显提升。肺癌数据在未融入基因间关联信息情况下,SNF-CC 算法在 p 值和平均聚类紧密程度值两项评价指标均优于 SNF 算法。当肺癌数据融入基因间关联信息时,SNF 算法与未融入基因间关联信息相比,p 值有一定的下降,平均聚类紧密程度值有一定的提升,而 SNF-CC 算法与未融入基因间关联信息时相比,虽平均聚类紧密程度值有所下降,但 p 值有明显下降,而当平均聚类紧密程度值达到一定值时,p 值的作用更加明显,故整体来说融入基因间关联信息情况下,SNF-CC 算法效果也有一定提升。

表 3-2　两种疾病下两种算法融入与未融入基因间关联关系的 p 值及紧密程度值对比

两种疾病		SNF 算法		SNF-CC 算法	
		p 值	平均聚类紧密程度值	p 值	平均聚类紧密程度值
乳腺癌	未融入基因间关联信息	4.14×10^{-5}	0.35	1.3×10^{-4}	0.63
	融入基因间关联信息	2.73×10^{-5}	0.55	2.73×10^{-5}	0.94
肺癌	未融入基因间关联信息	0.052	0.35	0.0404	0.92
	融入基因间关联信息	0.0401	0.44	0.00862	0.70

3.5　本章小结

癌症亚型的研究已由原有的单组学分析发展为多个组学数据共同融合进行分析。在单组学研究已经取得一定成果的基础上,采用多组学方法可更好地了解分子功能和疾病病因。多组学方法整合了来自不同基因组水平的数据,旨在研究各类组学分子之间的相互关系和对疾病过程的关联影响。通过对各组学数据进行融合分析,可以更加全面地分析各组学数据在人类健康和复杂疾病中的作用。在过去的研究中,经典的多组学融合算法主要有 iCluster、SNF、SNF-CC 等。比起单组学数据算法,虽然多组学融合算法的聚类效果有明显提升,但此类方法并未考虑各组学内部及组学间具有生物意义的关联影响。大量证据表明,癌症是由多个基因相互作用、共同影响产生的,其相互间的关联关系可以通过基因通路、模体结构信息、基因本体、PPI 网络等反映出来,故本章通过引入通路及模体等基因关联信息,并结合多组学数据来共同研究它们对癌症亚型分类的影响。为了更方便地使用基因关联信息,本章使用 Isomap 算法对各通路及模体中基因组的表达数据进行降维分析,通过对 Isomap 降维算法中 k 值的选择,使降至 1 维的各通路数据最大化地表达该通路中基因之间的关系,最后使用 SNF、SNF-CC 算法对基因表达数据、甲基化数据、miRNA 表达数据及降维后的通路和模体数据在两个癌症数据集上进行整合运算。结果表明,融入通路及模体信息后,聚类效果在各个方法中都有不同程度的提升,说明融入组学内部关联关系对多组学融合聚类算法有一定的促进作用。

虽然在融入通路及模体信息后,各方法的聚类效果都有所提升,但仍存在可再提升的空间,主要可以从以下几个方面入手。

(1)融入组学内部关联关系,使聚类效果有明显提升,且使用Isomap算法降维,并取第 1 维向量值(可使问题处理变得简单),但仅取第 1 维向量值肯定会有部分信息损失。如图 3-10 所示,横坐标为维度值,纵坐标为包含原有信息的百分比,k 为不同的近邻值。实验中抽取了两个第 1 维信息量占比相对较低的通路,从图 3-10(a)、(b)两个子图中可以发现,在图(a)中通过 Isomap 算法对各通路进行降维,当 $k=14$ 时,第 1 维信息的占比量最大,但此时该通路第 1 维的信息量仅包含原有信息量的 50% 左右。同理,在图(b)中,当 $k > 15$ 时,该通路第 1 维的信息量在不同 k 取值范围内相差不大,仅包含原有信息 40% 左右的信息量。因此,如果仅取第 1 维数据,明显会使个别通路信息损失过大,有可能会造成聚类精度的下降。

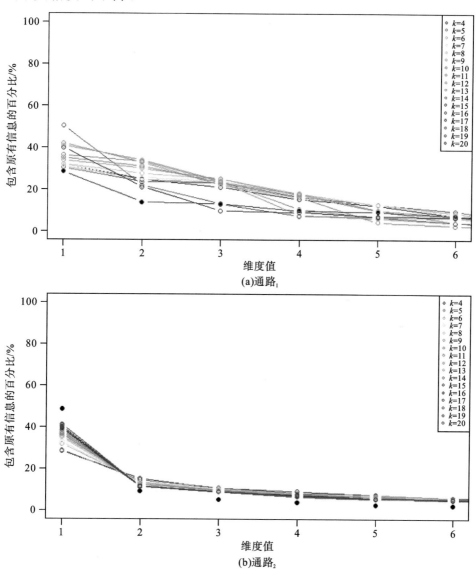

图 3-10　两个不同通路降维数据在不同 k 值下包含原有信息的百分比

(图中实心点代表最优解)

（2）仅考虑了基因间的相互关联关系对亚型分类的影响，并没有考虑其他组学内部关联关系，也未考虑各组学间关联关系，如基因组学与表观组学、表观组学与转录组学等的关联关系。如何融入这些组学信息，提高算法精准度，是我们后续研究的重点。

（3）SNF 算法和 SNF‑CC 算法对数据的要求均为相同样本不同组学数据，即各多组学数据要求出自同一样本，由于保护患者个人隐私及各机构对数据的自身要求，所以公开的临床数据无论是在样本量上，还是在组学的个数上都难以达到多组学数据融合方法对数据的需求，造成算法应用不广泛，应该考虑基于小样本的多组学数据融合算法研究，或使用已有统计关系数据库来进行多组学融合算法设计[79]。

第 4 章　基于小样本的多组学数据中的基因型与表型关联分析

4.1　引言

当前遗传学研究的一个重要目标是在基因型和表型之间建立完整的功能联系,即所谓的基因型-表型图谱[60]。

研究基因型与表型关联关系能够更加清晰地了解遗传变异过程[80-81]。常见的基因型与表型之间的全基因组关联分析(GWAS),是揭示个体遗传背景与特定疾病或性状之间联系的一种有效途径,其原理是找出所有基因组上的差异位点,并对差异位点与表型作相关性分析[82]。在过去的十多年中,大量的全基因组关联分析确定了许多与人类复杂疾病或其他性状相关的遗传变异[83-85],这些发现识别了新型变异性状关联[86-87],提供了多种新型复杂性状研究分析方法[88-90],丰富了多种临床应用[91-92]。然而,根据 GWAS 的原理,虽然已经发现了数千个复杂疾病和特征的单核苷酸多态性(SNP),但单一的组学层面只能提供有限的生物学机制,相关位点的功能含义和机制在很大程度上还不清楚。

由于单一组学层面上的局限性,故需要通过融合其他组学数据更加准确地预测基因型与表型之间的生物关联关系[93]。以数据作为支撑,可研究多组学间的相互作用,这给我们提供了新的机会来更深入地检测基因型与表型的关联,同时揭示它们的关联机制[94],典型研究如结合基因表达数据来分析 SNP 对表型的影响[69,95-96]。当前,此类多组学数据融合方法主要有多级融合分析方法和多维融合分析方法两种思路[15,23]。

常用的多级融合分析方法中的三层法(详见第 1 章 1.2 节基于多组学数据的研究现状及存在问题中对多级融合分析方法的介绍),在基因型和表型两层组学关联分析的基础上,提出的基因型、基因表达和表型之间的三层网络更能反映真实生物机制,但由于未考虑各组学内部关联关系,特别是基因关键层的关联关系,致使模型准确率偏低。而各多维融合分析方法的一个共同缺点在于各组学数据的地位相同,可理解为利用各组学数据从不同角度分析表型,并不能对各组学间的生物关联关系进行分析。尽管多维融合分析方法可以提高表型预测的准确率,但多组学数据融合的生物意义不明朗;再者,利用多组学方法探究基因型与表型关联关系,要求各组学数据出自同一样本集合,且由于 SNP 的特征量巨大,两类多组学分析方法建立模型时样本量需求都较大,基于保护患者个人隐私及各机构对数据的自身要求,临床数据难以获得。所以,公开的临床数据无论是在样本量上,还是在组学的个数上都无法达到多组学数据融合方法对数据的需求。

基于以上问题,本章提出来了基于小样本大属性的多组学数据中基因型与表型关联分析方法。本方法有以下创新点:①解决了三层网络中小样本情况下特征值庞大不能有效回归的问题;②考虑了组学间的内部关联关系,使模型更加符合生物实际;③分析了不同组学层间的生物通路关联关系,使生物意义更加明了;④考虑了组织特异性,各类生物个体中,不同的组织之间具有不同的特性,这样的差异很大程度上是由不同组织的特异性表达基因赋予各类组织特异的形态结构及生理功能[97-98]形成的;⑤对现有的多组学融合方法的优点进行了整合,既使用了多级融合分析方法中层级分析的思想,能反映生物意义上的关联关系的优点,又采用了多维融合分析方法中集成学习的思想。

4.2　算法介绍

为了更加清楚地理解最终算法的实现过程,需先简要介绍后续算法中所使用的一些基本方法。首先介绍 SPICi(speed and performance in clustering,速度与性能聚类)算法及其超参设定,然后描述稀疏偏最小二乘(sparse partial least squares,SPLS)算法原理及三层网络构建特点,最后再逐步介绍整个最终算法过程。

4.2.1　SPICi 算法

聚类算法在生物网络分析中起着重要的作用,可以用来揭示生物网络的功能模块。虽然大多数可用的聚类算法在中等规模的生物网络上均表现得相当出色,但由于越来越多的大型生物网络逐渐发展起来,在实际应用中,这些聚类算法要么运行得太慢,要么由于网络太复杂而无法运行。本书通过比对 MCL(Markov cluster algorithm,马尔可夫聚类算法)、MCODE(molecular complex detection,分子复合物检测)算法、Cfinder(clique percolation method finder,基于全面连接搜索方法的网络聚类模块)算法、MCUPGMA(memory-constrained unweighted pair group method using arithmetic averages,内存受限的无权重对组平均法)、DME(dense module enumeration,密集模块枚举)算法、SPICi 算法等多个聚类算法,最终采用 SPICi 算法对生成的基因网络图进行聚类。SPICi 算法使用启发式算法不停地构建集群,与上述几种算法相比,不但在速度上要快几个数量级,而且是唯一能够在非常短的时间内成功地聚类所有测试网络的算法。

SPICi 算法有三个超参,分别为最小聚类元素个数、最小支持阈值、最小聚类密度。三个超参共同影响着聚类的个数及每个聚类中的元素个数。由于三个超参各具特点,因此我们先对三个超参的设定进行分析。

最小聚类元素个数的作用是通过与各聚类中所包含基因个数进行比较来决定该聚类的去留,即聚类中元素个数大于最小聚类元素数值则保留该聚类,否则舍弃该聚类。若将最小聚类元素个数设定得过小,则达不到捕捉基因间关联关系的目的,但过大又会误删聚类簇,根据对不同数据的测试,最终将最小聚类元素个数值的取值范围设定为[4,6]。

在无向图 $G = (V, E)$ 中,对于任意顶点 u 和与 u 相连的顶点集合 $S \subset V$,定义 support:

$$\text{support}(u, S) = \sum_{u, v \in S} w_{u,v} \qquad (4-1)$$

其中,u、v 为任意顶点;S 为任意相连的顶点集合;support(u, S) 为与顶点 u 相连的所有边的权重之和;$w_{u,v}$ 为任意一条边 $(u, v) \in S$ 的权重。如果某一顶点的 support 值小于最小支持阈值,则舍弃该顶点。我们用两个顶点向量的皮尔逊相关系数代表边的权重,但皮尔逊相关系数涉及正负相关,在求 support 的过程中会存在相互抵消的可能,所以我们对所求得的皮尔逊相关系数取绝对值,则 $w_{u,v} \in (0, 1]$,通常情况下皮尔逊相关系数大于 0.2 被认为其相关性为弱相关以上。若某顶点仅与一个弱相关的基因相连,可能会带来额外的误差,所以若我们要求某个顶点仅与弱相关的基因的关联,则至少要存在两条以上这样的边,故我们将最小支持阈值的最小值设定为 0.4。通过各类数据测试发现,当最小支持阈值大于 0.7 时,基因总数会大量缩减,不足以反映基因关联关系对疾病的影响。故我们将最小支持阈值的取值范围设定为[0.4, 0.7]。

聚类密度 density 的定义为边权值的总和除以可能的边个数的总数,它可用来反映聚类的紧密程度,计算公式如下:

$$\text{density}(S) = \frac{\sum\limits_{u, v \in S} w_{u,v}}{|S| \times (|S| - 1)/2} \qquad (4-2)$$

式中,u、v 为任意顶点;S 为任意相连的顶点集合;$|S|$ 为顶点总个数。聚类密度参数的设定过小会使得每个聚类的元素增多,总聚类数减少。

当一个簇的聚类密度达不到最小聚类密度时,程序会将此簇分为两个甚至更多的小簇,所以最小聚类密度直接影响聚类的总个数,它也是三个超参中对聚类效果影响最大的参数。经过实验比对,最小聚类密度参数取值范围设定为 $[0.1, 0.6]$,并且在实验的过程中,以 0.1 的递增度进行枚举参数测试。

SPICi 算法一次构建一个簇,每个簇都从原始的种子对中进行扩展。为了选择种子顶点,首先找到在当前网络中加权度最高的顶点 u,根据顶点的相邻顶点权重值划分为五个层级:$(0, 0.2]$、$(0.2, 0.4]$、$(0.4, 0.6]$、$(0.6, 0.8]$ 和 $(0.8, 1]$。从最高层级 $(0.8, 1]$ 到最低层级 $(0, 0.2]$,如果当前的层级不为空,则使用其中加权度最高的顶点 v 作为第二个种子顶点,此时 (u, v) 称为种子边。这种启发式的种子选择方法基于两个原因:①节点的加权度与其相互作用蛋白之间的整体功能富集的度量之间存在正相关,这表明了高加权度节点是功能网络中局部模块搜索的有意义的起点;②如果两个顶点之间的边上的权值更高,则它们更有可能在同一个模块中。获得两个之间有边的种子节点后,由两个种子顶点组成一个顶点集 S,在 S 中所有与一个顶点相邻的非聚类顶点中搜索具有最大支持值 (u, S) 的顶点 u。如果支持值 (u, S) 小于一定的阈值(阈值计算公式:聚类密度×聚类大小(聚类元素个数)×最小支持阈值),将停止扩展这个聚类并将其输出;否则,则将顶点 u 放到 S 中,并更新密度值。如果密度值小于最小聚类密度阈值,则集群中不再包含 u 并输出 S,重复此过程,直到遍历所有顶点。以图 4-1 示例网络为例进行实例化讲解,该图有 10 个顶点,除了 $(1、6)$、$(1、10)$、$(5、6)$ 和 $(7、8)$ 之外,每条边的置信度都为 1。假设最小支持阈值设定为 0.5,并以加权度最高的顶点 1(加权度为 $1+1+1+0.4+0.6=4$)作为种子结点。顶点 1 的最高非空层级 $(0.8, 1]$ 是由相邻的顶点 2、3 和 9 组成的,其中,顶点 2 的加权度是 3,是这个层级中加权度最大的顶点,取其为第二个种子顶点。在基于密度搜索的第一步中,顶点 3 具有当前集群 $\{1, 2\}$ 中最高的支持度,支持度为 2,所以将顶点 3 添加到集群{1,2}中,此时这个集群的密度为 1。然后,计算所有剩余顶点的支持度,发现都小于现阶段阈值(聚类密度×聚类大小×最小支持阈值,即 1×3×0.5=1.5),因此,停止扩展集群,并输出{1,2,3}作为第一个集群。在此之后,下一个搜索将从顶点 6 开始,并输出{6,7,8}作为下一个集群。顶点 4、5、9 和 10 被保留为单例集群。

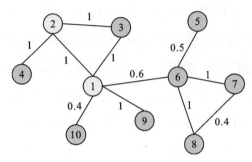

图 4-1 聚类网络示意图

在后续的分析中会用分组最小角回归算法对 SPICi 算法所得聚类进行筛选。为了利于后续分析,最终的聚类效果应保证其聚类个数及聚类元素都处于合适的范围内。聚类中元素过多,则在进行分组最小角回归运算时,每个聚类包含的元素越多,同样的惩罚参数带来的目标误差越大;聚类中元素过少,则不能有效地分析基因关联对疾病的影响。

4.2.2 SPLS 算法

由于稀疏偏最小二乘(SPLS)算法[18]集成主成分分析(principal componet analysis,PCA)[105]、典型关联分析(canonical correlation analysis,CCA)[106]、线性回归[107]等方法的优点,能够有效解决样本数远小于特征数、无法有效回归、特征间存在多重共线性等多对多问题。故本章解决 SNP 与基因关联关系问题的方法是用 SPLS 算法替代原有的多元回归方法。SPLS 算法是在偏最小二乘(partial least squares,PLS)算法求解过程中加入惩罚函数发展而来的。

PLS 算法原理如下。设有 q 个因变量 $\{y_1,\cdots,y_q\}$ 和 p 个自变量 $\{x_1,\cdots,x_p\}$，假设有 n 个样本点，由此可构成自变量与因变量的数据矩阵 $X_{n\times p}$ 和 $Y_{n\times q}$。将矩阵 X 及矩阵 Y 进行标准化，得新的矩阵 E_0 和 F_0。从矩阵 E_0 中提取出第一个主成分 t_1，使得 $t_1 = E_0 w_1$，w_1 是 E_0 的第一个轴，是一个单位向量，即 $|w_1| = 1$。同理从矩阵 F_0 中提取出第一个主成分 u_1，使得 $u_1 = F_0 c_1$，c_1 是 F_0 的第一个轴，是一个单位向量，即 $|c_1| = 1$。

t_1 和 u_1 两个主成分求解过程如下。

首先为了保证 t_1 和 u_1 能携带 E_0 和 F_0 最多的信息量，则

$$\begin{cases} \mathrm{var}(t_1) \to \max \\ \mathrm{var}(u_1) \to \max \end{cases} \tag{4-3}$$

并且要求 t_1 对 u_1 能最大化地解释，即 t_1 和 u_1 的相关程度应该达到最大，记为

$$r(t_1,u_1) \to \max \tag{4-4}$$

将两个要求进行综合，即要求 t_1 和 u_1 的协方差达到最大，记为

$$\mathrm{cov}(t_1,u_1) = \sqrt{\mathrm{var}(t_1)\mathrm{var}(u_1)}\, r(t_1,u_1) \to \max \tag{4-5}$$

由于标准化数据的协方差矩阵等于其相关系数矩阵，即可通过其内积来表示，因此求解 w_1 和 c_1 的问题可转化为求下式的最优化问题，记为

$$\mathrm{cov}(t_1,u_1) = w_1^{\mathrm{T}} E_0^{\mathrm{T}} F_0 c_1 \to \max \tag{4-6}$$

约束条件为

$$\begin{cases} w_1^{\mathrm{T}} w_1 = 1 \\ c_1^{\mathrm{T}} c_1 = 1 \end{cases} \tag{4-7}$$

采用拉格朗日算法求解得

$$s = w_1^{\mathrm{T}} E_0^{\mathrm{T}} F_0 c_1 - \lambda_1 (w_1^{\mathrm{T}} w_1 - 1) - \lambda_2 (c_1^{\mathrm{T}} c_1 - 1) \tag{4-8}$$

其中，λ_1 和 λ_2 为拉格朗日乘数因子。然后对 s 分别求其关于 λ_1、λ_2、w_1、c_1 的偏导，并令偏导为 0，如下所示：

$$\begin{cases} \dfrac{\partial s}{\partial \lambda_1} = 1 - \boldsymbol{w}_1^{\mathrm{T}} \boldsymbol{w}_1 = 0 \\[2mm] \dfrac{\partial s}{\partial \lambda_2} = 1 - \boldsymbol{c}_1^{\mathrm{T}} \boldsymbol{c}_1 = 0 \\[2mm] \dfrac{\partial s}{\partial \boldsymbol{w}_1} = \boldsymbol{E}_0^{\mathrm{T}} \boldsymbol{F}_0 \boldsymbol{c}_1 - 2\lambda_1 \boldsymbol{w}_1 = 0 \\[2mm] \dfrac{\partial s}{\partial \boldsymbol{c}_1} = \boldsymbol{F}_0^{\mathrm{T}} \boldsymbol{E}_0 \boldsymbol{w}_1 - 2\lambda_2 \boldsymbol{c}_1 = 0 \end{cases} \tag{4-9}$$

综合以上各式,可得

$$\begin{cases} 2\lambda_1 = \boldsymbol{w}_1^{\mathrm{T}} \boldsymbol{E}_0^{\mathrm{T}} \boldsymbol{F}_0 \boldsymbol{c}_1 \\[2mm] 2\lambda_2 = \boldsymbol{c}_1^{\mathrm{T}} \boldsymbol{F}_0^{\mathrm{T}} \boldsymbol{E}_0 \boldsymbol{w}_1 \end{cases} \tag{4-10}$$

由上式可见 $2\lambda_1 = 2\lambda_2$,令 $\theta_1 = 2\lambda_1 = 2\lambda_2 = \boldsymbol{w}_1^{\mathrm{T}} \boldsymbol{E}_0^{\mathrm{T}} \boldsymbol{F}_0 \boldsymbol{c}_1$,参考协方差矩阵求最大值,可以发现 θ_1 就是最优化问题的目标函数值。将 θ_1 代入式(4-10)得

$$\begin{cases} \theta_1 \boldsymbol{w}_1 = \boldsymbol{E}_0^{\mathrm{T}} \boldsymbol{F}_0 \boldsymbol{c}_1 \\[2mm] \theta_1 \boldsymbol{c}_1 = \boldsymbol{F}_0^{\mathrm{T}} \boldsymbol{E}_0 \boldsymbol{w}_1 \end{cases} \tag{4-11}$$

两式相乘,并消去 $\boldsymbol{c}_1$,得

$$\theta_1^2 \boldsymbol{w}_1 = \boldsymbol{E}_0^{\mathrm{T}} \boldsymbol{F}_0 \boldsymbol{F}_0^{\mathrm{T}} \boldsymbol{E}_0 \boldsymbol{w}_1 \tag{4-12}$$

两式相乘,并消去 $\boldsymbol{w}_1$,得

$$\theta_1^2 \boldsymbol{c}_1 = \boldsymbol{F}_0^{\mathrm{T}} \boldsymbol{E}_0 \boldsymbol{E}_0^{\mathrm{T}} \boldsymbol{F}_0 \boldsymbol{c}_1 \tag{4-13}$$

将 $\boldsymbol{E}_0^{\mathrm{T}} \boldsymbol{F}_0 \boldsymbol{F}_0^{\mathrm{T}} \boldsymbol{E}_0$ 看作一新矩阵,则 $\boldsymbol{w}_1$ 为该矩阵的特征向量,对应的特征值为 θ_1^2。由于要使目标函数值 θ_1 最大,所以 $\boldsymbol{w}_1$ 是矩阵 $\boldsymbol{E}_0^{\mathrm{T}} \boldsymbol{F}_0 \boldsymbol{F}_0^{\mathrm{T}} \boldsymbol{E}_0$ 最大特征值所对应的特征向量。同理,$\boldsymbol{c}_1$ 是矩阵 $\boldsymbol{F}_0^{\mathrm{T}} \boldsymbol{E}_0 \boldsymbol{E}_0^{\mathrm{T}} \boldsymbol{F}_0$ 最大特征值所对应的特征向量。确定 $\boldsymbol{w}_1$ 和 $\boldsymbol{c}_1$ 后,即可根据公式 $\boldsymbol{t}_1 = \boldsymbol{E}_0 \boldsymbol{w}_1$ 和 $\boldsymbol{u}_1 = \boldsymbol{F}_0 \boldsymbol{c}_1$ 求得主成分 $\boldsymbol{t}_1$ 和 $\boldsymbol{u}_1$。

得出第一个主成分之后,可对 $\boldsymbol{E}_0$、$\boldsymbol{F}_0$ 分别建立第一主成分 $\boldsymbol{t}_1$ 和 $\boldsymbol{u}_1$ 的回归方程:

$$\begin{cases} \boldsymbol{E}_0 = \boldsymbol{t}_1 \boldsymbol{p}_1^{\mathrm{T}} + \boldsymbol{E}_1 \\ \boldsymbol{F}_0 = \boldsymbol{u}_1 \boldsymbol{q}_1^{\mathrm{T}} + \boldsymbol{F}_1^* \\ \boldsymbol{F}_0 = \boldsymbol{t}_1 \boldsymbol{r}_1^{\mathrm{T}} + \boldsymbol{F}_1 \end{cases} \qquad (4-14)$$

其中，$\boldsymbol{E}_1$、$\boldsymbol{F}_1^*$、$\boldsymbol{F}_1$ 分别为三个回归方程的残差矩阵，其回归系数 $\boldsymbol{p}_1$、$\boldsymbol{q}_1$、$\boldsymbol{r}_1$ 分别为

$$\begin{cases} \boldsymbol{p}_1 = \dfrac{\boldsymbol{E}_0^{\mathrm{T}} \boldsymbol{t}_1}{\parallel \boldsymbol{t}_1 \parallel^2} \\[3mm] \boldsymbol{q}_1 = \dfrac{\boldsymbol{F}_0^{\mathrm{T}} \boldsymbol{u}_1}{\parallel \boldsymbol{u}_1 \parallel^2} \\[3mm] \boldsymbol{r}_1 = \dfrac{\boldsymbol{F}_0^{\mathrm{T}} \boldsymbol{t}_1}{\parallel \boldsymbol{t}_1 \parallel^2} \end{cases} \qquad (4-15)$$

利用 PLS 算法在 $\boldsymbol{X}$ 与 $\boldsymbol{Y}$ 中分别提取主成分 $\boldsymbol{t}_1$ 和 $\boldsymbol{u}_1$。基于回归分析的需要，$\boldsymbol{t}_1$ 和 $\boldsymbol{u}_1$ 应尽可能多地携带它们所代表的数据中的信息，第一个主成分 $\boldsymbol{t}_1$ 和 $\boldsymbol{u}_1$ 被提取后，PLS 算法分别在 $\boldsymbol{X}$ 上对 $\boldsymbol{t}_1$ 进行回归及在 $\boldsymbol{Y}$ 上对 $\boldsymbol{u}_1$ 进行回归。如果最后所达到的精度满足算法需求，则终止算法；否则，将利用 $\boldsymbol{X}$ 对 $\boldsymbol{t}_1$ 回归后的剩余信息及 $\boldsymbol{Y}$ 对 $\boldsymbol{u}_1$ 回归后的剩余信息进行下一轮的循环；如此循环，直到精度达到算法要求时停止。

用残差矩阵 $\boldsymbol{E}_1$ 和 $\boldsymbol{F}_1$ 分别取代 $\boldsymbol{E}_0$ 和 $\boldsymbol{F}_0$，采用类似的方法可求解第二个主成分 $\boldsymbol{t}_2$ 和 $\boldsymbol{u}_2$。回归方程为

$$\begin{cases} \boldsymbol{E}_1 = \boldsymbol{t}_2 \boldsymbol{p}_2^{\mathrm{T}} + \boldsymbol{E}_2 \\ \boldsymbol{F}_1 = \boldsymbol{t}_2 \boldsymbol{r}_2^{\mathrm{T}} + \boldsymbol{F}_2 \end{cases} \qquad (4-16)$$

其中，$\boldsymbol{E}_2$、$\boldsymbol{F}_2$ 分别为两个回归方程的残差矩阵，二者的回归系数 $\boldsymbol{p}_2$、$\boldsymbol{r}_2$ 分别为

$$\begin{cases} \boldsymbol{p}_2 = \dfrac{\boldsymbol{E}_1^{\mathrm{T}} \boldsymbol{t}_2}{\parallel \boldsymbol{t}_2 \parallel^2} \\[3mm] \boldsymbol{r}_2 = \dfrac{\boldsymbol{F}_1^{\mathrm{T}} \boldsymbol{t}_2}{\parallel \boldsymbol{t}_2 \parallel^2} \end{cases} \qquad (4-17)$$

如此循环计算,设矩阵 E_0 的秩为 A ,则提取的主成分的数目会小于等于 A ,最后得到的回归方程为

$$\begin{cases} E_0 = t_1 p_1^T + t_2 p_2^T + \cdots + t_A p_A^T + E_A \\ F_0 = t_1 r_1^T + t_2 r_2^T + \cdots + t_A r_A^T + F_A \end{cases} \quad (4-18)$$

由归纳法可得到 E_A 与 E_0 的关系式,此过程思路简单,不再赘述。当秩 $A \geqslant 1$ 时,关系式为

$$E_A = E_0 \prod_{i=1}^{A} (I - w_i p_i^T) \quad (4-19)$$

由迭代过程知,当秩 $A \geqslant 1$ 时, $t_A = E_{A-1} w_A$,结合式(4-19)得

$$t_A = E_{A-1} w_A = E_0 \prod_{i=1}^{A-1} (I - w_i p_i^T) w_A \quad (4-20)$$

设 $w_A^* = \prod_{i=1}^{A-1} (I - w_i p_i^T) w_A$,则 $t_A = E_{A-1} w_A = E_0 \prod_{i=1}^{A-1} (I - w_i p_i^T) w_A = E_0 w_A^*$,此时,可以由 E_0 表示 F_0 ,过程如下:

$$\begin{aligned} F_0 &= t_1 r_1^T + t_2 r_2^T + \cdots + t_A r_A^T + F_A \\ &= E_0 w_1^* r_1^T + E_0 w_2^* r_2^T + \cdots + E_0 w_A^* r_A^T + F_A \\ &= E_0 \left(\sum_{i=1}^{A} w_i^* r_i^T \right) + F_A \end{aligned} \quad (4-21)$$

之后按照标准化的逆过程进行运算,可还原为因变量集合 Y 对自变量 X 的回归方程[108]。

4.2.3 三层网络构建

根据"三层法"(详见第 1 章 1.2 节基于多组学数据的研究现状及存在问题)相关理论,基因导致疾病的主要原因是与之关联的基因型上的差异位点的产生。将 SNP、基因与表型进行组合,形成一个三层网络,可以通过 eQTL 数据建立 SNP 与基因的关联关系。

本章中,不同组学关联关系构建的生物网络称为层间网络,如 SNP 与基因关联网络或基因与表型关联网络,单个组学内部关联关系构建的

生物网络称为层内网络,如基因间的关联网络或表型间的关联网络等。SNP 间的关联关系被称为上位关联关系,上位关联关系可通过 SNP 间的位置关系进行反映,也可通过算法并结合 eQTL 数据[95]、基因间的关联关系数据[109],甚至表型间的关联关系数据计算得来[110]。基因间的关联关系可以通过多种方式来体现,如在生物网络数据中可利用蛋白质组学的蛋白质交互网络映射基因间的关联关系,也可利用基因表达数据形成共表达网络,或者利用通路网络等。已经有很多文献对组学内部关联关系进行了大量的分析,如文献[63]、[111]～[115]研究了 SNP – SNP 关联关系对表型的影响;文献[116]～[121]研究了基因-基因关联关系对疾病的影响。此类文献虽包含层内网络的关联分析,但并未进行多个组学间的通路分析。现有研究表明,无论是组学内部关联关系还是各组学间的关联关系,最终都会影响到表型。

在分析三层网络通路结构时,仅用层间的回归方法虽能预测部分通路关系,但未考虑组学内部关联关系,不符合生物实际。但如果仅考虑组学内部关联关系,不考虑其他组学之间的通路关联情况,又不能很好地反应整个生物系统,只能看到局部情况,如图 4 – 2 所示的基于生物网络的基因型与表型关联分析模型中,实线代表组学内部关联关系,虚线代表不同组学间关联关系。由此,在处理 SNP 与基因关联关系时,由原来的仅考虑层间单独元素的关联关系[见图 4 – 2(a)]改进为同时考虑层内及层间关联关系[见图 4 – 2(b)]。由于增加了层内关联关系,则层间关系由原来的多对一的关联关系变为了多对多的关联关系。此时,由于自变量之间不再独立同分布,层间的关联关系不能再使用原有的多元回归方法求解,所以采用适合多对多关联关系的 SPLS 算法来替代原有多元回归算法。而在使用 SPLS 算法过程中,默认 SNP 间存在关联关系,所以此算法的分析中考虑了 SNP 间的关联关系。

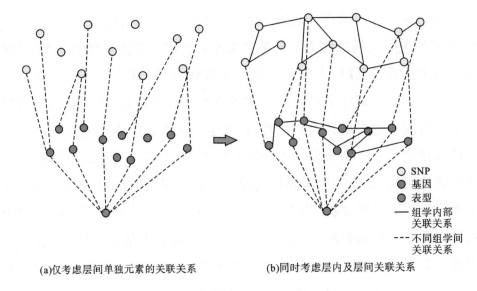

(a)仅考虑层间单独元素的关联关系　　　　(b)同时考虑层内及层间关联关系

图 4 - 2　基于生物网络的基因型与表型关联分析模型

4.2.4　算法实现

利用现阶段多级融合方法分析基因型与表型关联关系时,未考虑组学内部关联关系,且算法对样本量的要求较大。利用现阶段多维融合方法分析时,未考虑组学间关联关系(详见第 1 章 1.2 节基于多组学数据的研究现状及存在的问题)。针对以上问题,我们提出了小样本情况下基于多组学数据的基因型与表型关联分析方法。

从文献[70]、[120]～[121]中可以发现,疾病并不是由某个或某几个基因单独影响产生的,而是由基因间的相互作用产生的。利用蛋白质交互网络可映射基因间关联关系,但此网络为无权图,可以将利用基因表达数据计算出的基因间皮尔逊相关系数作为边的权重,并与蛋白质交互网络结合生成带有权重的基因网络图。假设在基因网络图中,关系越紧密的基因越有可能通过相互作用对表型产生影响,则首先可对基因关联图进行 SPICi[104],得到多个基因簇(详见 4.2.2 节中聚类算法的选择及超参设定内容)。由于基因本身基数大,所得基因簇数量相对较多,因此可以利用分组最小角回归对基因簇和表型做 LASSO 回归分析,系数不为零的基因簇被认为最有可能对疾病产生影响,此操作达到了基因簇筛选的目的。筛选后的基因簇通过融入 eQTL 数据可得出与之对应的 SNP 簇。这样,如图 4-3 所示,对应的 SNP 簇(图中蓝色圈)、基因簇(图中红色圈)及表型组合为一个三层网络,本章中称之为类块。然后使用 SPLS[122]算法中的多元回归模型建立 SNP 层与基因层关联关系,使用 SPLS 中的逻辑回归模型建立基因层与表型间的关联关系,通过三层关联关系对各类块进行预测分析(详见 4.2.3 节三层网络构建),最后再通过加权平均的方法综合各类块预测结果。基于数据整合算法的基因型与表型关联分析的流程示意图如图 4-4 所示。

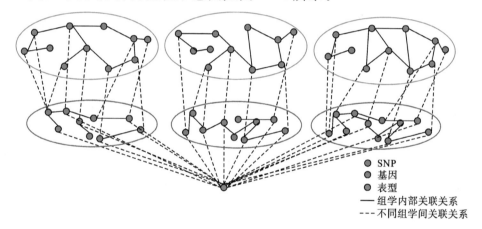

- SNP
- 基因
- 表型
—— 组学内部关联关系
--- 不同组学间关联关系

图 4-3　基于数据整合算法的基因型与表型关联分析模型

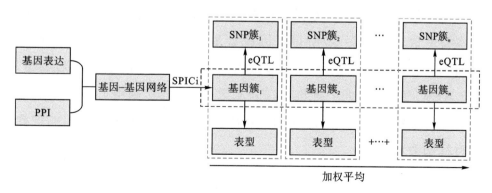

图 4-4　基于数据整合算法的基因型与表型关联分析的流程示意图

下面结合图 4-3、图 4-4,详细介绍本章算法,具体分为以下五个步骤。

第一步,利用蛋白质网络和基因表达值生成带权无向基因关联图,并利用 SPICi 算法对该无向图进行聚类,生成基因簇。

PPI 关联关系是指两个或两个以上蛋白质分子之间相互作用以共同执行具有重要的功能特性的生物分子过程。例如,信号分子可以通过多种功能性蛋白质分子相互作用传递信息,这种信息传递过程通常也称为功能性蛋白质分子的信号传递,是许多细胞功能正常维持的重要基础,当然,此类信号传递也有可能传递疾病信息。因此,可以利用蛋白质网络数据来分析疾病的产生机理。在本章方法中,为了能更加真实、全面地分析疾病的通路,我们将蛋白质网络数据映射到基因间关联关系中,形成基因关联无权图,再利用基因表达数据计算基因间皮尔逊相关系数,将其作为边的权重,生成带有权重的基因网络图。

在基因网络图中,关联越紧密的基因越有可能通过相互作用对表型产生影响,所以可以对基因关联图进行聚类得到多个基因关联簇,如图 4-3 中间层所示。通过 SPICi 算法对基因进行聚类,可以得到多个基因簇(详见 4.2.1 节 SPICi 算法)。聚类后的基因簇通过融入 eQTL 数据得到与之对应的 SNP 簇。分类块后的每个三层网络结构中的 SNP 及基因特征量急剧减少,有效回归时所需样本量也会减少,为小样本情况下庞大特征集的无法回归提供了思路[123]。

第二步,利用分组最小角回归算法对基因簇进行筛选。由于基因个数本身基数较大,第一步所得基因簇数量相对较多,因此利用分组最小角回归算法可以对基因簇和表型做回归运算。分组最小角回归算法是对 LASSO 回归[124]的一种推广。若基因簇为 L 组,则由 LASSO 回归中对每个特征的选择推广为分组最小角回归算法中对每个基因簇的选择,其目标函数如下:

$$\min_{\beta}\left(\parallel \boldsymbol{Y} - \boldsymbol{X}\boldsymbol{\beta} \parallel_2^2 + \lambda \sum_{l=1}^{L} \sqrt{p_l} \parallel \boldsymbol{\beta}_l \parallel_2 \right) \qquad (4-22)$$

其中，λ 为正则化参数，控制整体惩罚的力度；$\boldsymbol{X}$ 为自变量矩阵；$\boldsymbol{Y}$ 为因变量矩阵；$\boldsymbol{\beta}$ 为系数向量；$\boldsymbol{\beta}_l$ 为每组系数向量；$\sqrt{p_l}$ 为每一组的加权，可以按需调节。如果 $|\boldsymbol{\beta}_l|=0$，则对应该基因簇被剔除，反之，若 $|\boldsymbol{\beta}_l|\neq 0$，则对应该基因簇保留，此操作达到了基因簇筛选的目的。对基因网络进行聚类及有效筛选，使得所得到的每个三层网络的特征量急剧减小，适用于小样本数据下的应用。

第三步，通过融入 $eQTL$ 数据得到筛选后的基因簇所对应的 SNP 簇。通过第二步可筛选出系数不为零的基因簇，而这些基因簇则被认为最有可能对表型产生影响。每个基因簇中的基因可通过 $SPLS$ 算法中的逻辑回归建立基因与表型关联关系，而这些基因簇导致疾病的主要原因是簇中基因上的差异位点的影响，故需再建立 SNP 与基因间的关联关系，这样便能够完整地反映基因型与表型通路关系。$GTEx$ 数据[33]中的数量性状基因表达位点 $eQTL$ 可反映各个组织中的 SNP 与基因间关联关系，在 $eQTL$ 数据中可查找与每个簇中基因关联的 SNP 信息，这样便可得到基因簇所对应的 SNP 簇。

第四步，构建三层网络类块，对类块进行运算。将对应的 SNP 簇、基因簇及表型组合为一个三层网络，形成类块。每个类块中 SNP 与基因关联关系采用 $SPLS$ 算法中的多元回归进行回归运算，对基因与表型关联关系采用 $SPLS$ 算法中的逻辑回归进行运算。由于 $SPLS$ 算法能够有效解决样本数远小于特征数无法有效回归、特征间存在多重共线性等多对多问题，故本章采用 $SPLS$ 算法替代原有的多元回归方法来解决 SNP 与基因关联关系问题。

第五步，对各类块所得预测结果相加求平均，得到最终预测结果。通过第四步可构建多个类块进行预测分析，如图 4-3 所示。各类块间并不存在强依赖关系，可同时进行并行化运算。采用集成学习的思想，从集合中随机抽取部分样本训练出一个学习器，通过多次抽取可训练出多个学习器，再将这些学习器结合起来以进行综合分析。但本章前期已选择了最有可能影响表型的基因簇进行分析,所以可直接采用相加求平均的方法进行简化处理。通过第四步对每个类块进行层间的关联分析,可得出各类块预测结果,对所得结果进行求平均,得到最终预测结果。

4.3　数据来源及预处理

为了说明方法的有效性,我们用来源于基因表达数据库(GEO 数据库)的两组数据($GSE33356$、$GSE114269$)进行验证[36]。$GSE33356$[125] 是研究肺腺癌的数据集,其包括肺腺癌患者患癌部位及邻近的正常组织的数据。应用 $Affymetrix\ SNP\ 6.0$ 和 $Affymetrix\ U133plus2.0$ 芯片对 84 位非吸烟女性肺腺癌患者的肺肿瘤和正常组织标本进行分析。$GSE114269$[126] 是比较骨髓型乳腺癌与非骨髓型基底样乳腺癌的数据集,样本量为 48。由于这两组数据样本量相对较小,因此利用此类数据可以验证本章算法对基于小样本多属性的基因型与表型分类问题的有效性。此处需要说明一点,在 GEO 数据库网站中,$GSE33356$ 数据集显示包含 242 个样本数据,其中包含 SNP 特征的样本数据为 122 个,包含基因特征的样本数据为 120 个。本章算法要求 SNP 特征样本数据和基因特征样本数据为同一样本,而在这些数据中,只有 84 个 SNP 特征样本数据和基因特征样本数据来自 $GSE33356$ 中的同一样本,故实际实验样本量为 84。$GSE114269$ 数据集样本量可类似得出。

PPI 网络数据来源于数据库 $PICKLE$[34]。此数据库是人类蛋白质相互作用的元数据库,它通过基因本体信息整合各公开来源的蛋白质相互作用数据库。

$eQTL$ 数据来源于 $GTEx\ Analysis\ V7$(版本号为 $dbGaP\ Accession\ phs000424.v7.p2$)[33] 数据库。为了数据预测的准确性,针对组织特异性,选择与该数据对应的 $eQTL$ 数据。如第一组数据选择肺部 $eQTL$ 数据,而第二组数据选择乳腺组织 $eQTL$ 数据。

数据预处理主要完成对各类数据中的 SNP 和基因的命名进行统

一,在 SNP 数据中去掉缺失值超过 10% 的数据,若缺失值小于 10%,则用出现频次最高的数据进行填充,并仅取最小等位基因频率大于 0.1 的 SNP 数据。

4.4　实验结果分析

4.4.1　预测结果分析

在对比实验中,本章方法命名为 *GSPLS*(*group LASSO regression and SPLS fusion model*,组套索回归和偏最小二乘融合模型),该方法的具体实现详见 4.2.4 节算法实现。对于样本量小、特征量庞大的数据,目前还没有典型的基因型–表型关联分析方法加以验证,所以我们比较了以下几种方法来验证本章方法的有效性。

(1)*GGLM*(*group LASSO regression and generalized linear regression fusion model*,组套索回归和广义线性回归融合模型)方法。该方法与 *GSPLS* 方法的思路类似,唯一不同之处在于对每个类块的 *SNP* 层与基因层的关联分析上。*GSPLS* 方法考虑了组学内部关联关系,所以采用 *SPLS* 方法进行多对多操作,而 *GGLM* 方法直接采用多元回归方法进行运算,并未考虑组学内部关联关系。通过与 *GSPLS* 方法对比,可以验证基因–基因关联关系对算法效能的影响。

(2)*NETAM*(*network-driven association mapping*,网络驱动的关联映射)方法[19]。该方法为多阶段分析方法,不含基因聚类。根据基因转录区域内的 *SNP* 来定义每个 *SNP* 群,并根据所有数据建立一个整体的三层关联网络,然后采用 *LASSO* 算法直接进行多元回归。该方法没有考虑基因内部关联关系,也未进行聚类操作,与 *GSPLS* 方法相比,可验证小样本情况下两种方法(*NETAM* 和 *GSPLS*)的有效性。*NETAM* 由稀疏回归和稳定性选择两部分组成。该方法有两个自定义参数 π_{tbr} 和 T(π_{tbr} 为稳定性选择阈值,T 为随机样本总数),这两个参数用于稳定性选择部分。然而，由于本章数据样本量太小，稳定性选择无法进行，所以我们只能在不含稳定性选择的前提下测试 $NETAM$，其中 $LASSO$ 和 $L1$ 正则化逻辑回归采用 5 倍交叉进行验证。

（3）$mixOmics$ 方法（一种多组学混合分析方法）[127]。该方法涉及多组学集成，利用 SNP 和基因数据独立建立预测模型，将预测结果集成并输出。该方法忽略了 SNP 与基因关联关系，可以验证未考虑组学间关联关系的算法的效果，此方法无法分析组学间通路关系。

利用 $GSE33356$ 和 $GSE114269$ 两组数据对本章方法及以上三种方法进行对比，由于为二分类问题，因此采用接受者工作特征曲线（ROC 曲线）进行结果对比，如图 4-5 所示。表 4-1 为四种方法所对应的曲线下面积（AUC）值对比。

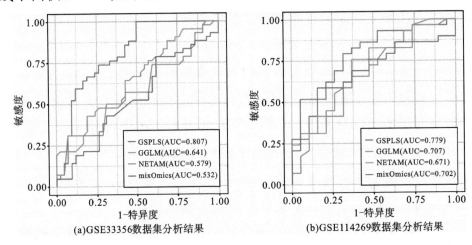

(a)GSE33356数据集分析结果　　　　(b)GSE114269数据集分析结果

图 4-5　四种基因型与表型关联分析方法 ROC 曲线对比

（1-特异度指的是，在实际为阴性的个案中，错误预测为阳性个案的比例。）

表 4-1　两组数据四种方法 AUC 值对比

数据集	GSPLS	GGLM	NETAM	mixOmics
GSE33356	0.807	0.641	0.579	0.532
GSE114269	0.779	0.707	0.671	0.702

本章方法与其他方法相比,在两组数据中均表现优秀。GSPLS 方法的结果比 GGLM 方法的结果有明显提升,说明在分析过程中应考虑组学内部关联关系,这样更符合生物系统实际。对基因网络进行聚类分簇的 GSPLS 和 GGLM 方法均优于其他方法,表明通过聚类筛选有效基因簇的方式适合处理小样本数据。NETAM 方法在各方法中的表现最差,原因是此方法不适合处理小样本数据,但该方法为组学间通路分析提供了指引。文献[19]证明,在分析 SNP -基因-表型关联关系时,样本量达到 500 及以上时才适合运用 NETAM 方法。在小样本情况下,NETAM 方法并不能做到有效回归。mixOmics 方法的结果与 GGLM 方法相似,特别用于第二个数据集时,但在测试实验中,有时甚至优于 GGLM 方法,但该方法忽略了组学间的关联关系,无法进行通路分析。

总体而言,GSPLS 方法在小样本情况下优于 GGLM、mixOmics 和 NETAM 方法。通过对基因聚类和相应 SNP 聚类的选择,不仅对样本特征进行了分组,还通过分组最小角回归算法对分组特征进行了筛选,使每个类块中所包含的特征数量大幅减少,不但减少了该算法对样本量的需求,而且减少了计算时间。在一台 Intel Core i7 - 10510U 处理器、16GB 内存、NVIDIA GeForce MX330 显卡的计算机上,对 GSPLS、GGLM、NETAM 和 mixOmics 四种方法在 GSE33356 数据集上分别进行了 10 次重复实验。GSPLS 方法的计算时间为(41.072±1.999)s,GGLM 方法的为(113.386±5.979)s,NETAM 方法的为(712.141±62.928)s,mixOmics 方法的为(47.065±2.802)s,具体见表 4 - 2。

表 4 - 2　四种方法对 GSE33356 数据集进行 10 次重复实验的计算时间　　单位:s

方法	第 1 次	第 2 次	第 3 次	第 4 次	第 5 次	第 6 次	第 7 次	第 8 次	第 9 次	第 10 次
GSPLS	40.35	42.73	40.38	42.36	38.32	39.63	40.17	41.53	45.37	39.88
GGLM	114.04	120.36	118.69	113.74	117.98	112.55	119.04	108.34	106.73	102.39
NETAM	848.35	622.65	668.79	682.46	724.57	731.67	722.36	646.32	744.07	730.17
mixOmics	46.35	47.33	48.49	42.93	44.69	50.12	47.63	44.83	45.82	52.46

虽然 GSPLS 方法用时与 mixOmics 方法相差不大,但 mixOmics 方法不能反映通路相关性。在 SNP −基因−表型通路研究中,GSPLS 方法是最省时的。

4.4.2 样本量分析

在 SNP、基因和表型之间的三层关联分析研究中,往往需要大量的样本。例如,当 $N > 200$ 时,NETAM 方法才会起作用,当 $N \geqslant 500$ 时,此方法才能发挥最佳性能,而 GSPLS 方法只需要几十个样本。

为了验证样本量对算法的影响,我们从数据集 GSE33356 中随机选择样本 $N = 80, 60, 40, 30, 20$,从数据集 GSE114269 中随机选择样本 $N = 48, 38, 30, 20$(因为该数据集仅包含 48 个样本量)。在提取过程中保证阳性和阴性样本量相等。实验发现,当样本量小于 20 时,分组最小角回归算法无法对这两个数据集进行有效回归,因此,两种数据选择的最小样本量均为 20。图 4 − 6 中展示了不同样本量下 GSPLS 方法的ROC 曲线,结果表明,随着样本量的减小,AUC 值总体呈减小趋势,但仍然有效,所以本章方法明显适用于小样本数据。虽然不像 NETAM方法需要超过 200 的样本量,但本章方法也需要超过 20 的样本量。

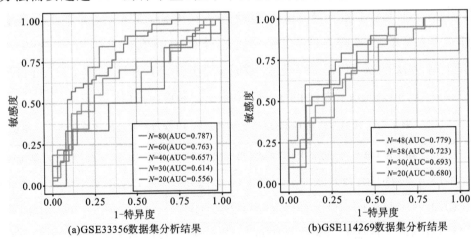

(a)GSE33356数据集分析结果　　　　(b)GSE114269数据集分析结果

图 4 − 6　不同样本量下 GSPLS 方法的 ROC 曲线对比

4.4.3　通路分析

用 SPLS 方法可得出每个基因与簇中相关 SNP 之间边的权重,通过分组最小角回归算法可得到疾病与相关基因之间边的权重。将上下两层权重相乘,即为每条通路权重得分(如果没有边存在,边的权重设为 0),将其命名为路径评分(pathway score, PS),该值的大小可以反映该通路的重要程度。为了进一步说明本章方法的有效性,本小节对所生成的通路进行分析。

以 GSE33356 数据集为例,根据 PS 对生成的通路关系进行排序,并将前 50 个通路与 PhenoScanner 数据库(人类基因型-表型关联的数据库)[31]中的肺癌相关 SNP 和基因数据进行比对。该数据库包含 137 个基因型-表型关联数据集及 NHGRI - EBI GWAS、NHLBI GRASP 和 dbGaP 等关联目录,所以与该数据库进行比对,结果具有一定的权威性。与 PhenoScanner 数据库进行匹配,可以反映出本章方法所得通路中关键基因位点或基因的分布情况,如图 4 - 7 所示,横坐标表示 PS 排序的路径数量,左边纵轴表示 PhenoScanner 数据库中所匹配的 SNP 或基因数据的比例,右边纵轴表示 PhenoScanner 数据库中所匹配的 SNP 或基因数据的数量。例如,前 10 条通路中有 6 条通路中的 SNP 或基因数据存在于 PhenoScanner 数据库中,比例为 0.6。[NHGRI(National Human Genome Research Institute,美国国家人类基因组研究所,美国),EBI(European Bioinformatics Institute,欧洲生物信息学研究所),NHLBI(National Heart, Lung and Blood Institute,美国国家心肺血液研究所,美国),GRASP(genomic resources for atherosclerosis phenotype study,动脉粥样硬化表型研究的基因组资源),dbGaP(database of Genotypes and Phenotypes,基因型与表型数据库)。]

表 4 - 3 展示了前 20 条通路与 PhenoScanner 数据库的比对结果。可以看出,排序所得到的前 10 条通路中,有 6 条通路中的 SNP 或基因

数据在 PhenoScanner 数据库中出现。排序所得到的前 20 条通路中,有 10 条通路中的 SNP 或基因数据在 PhenoScanner 数据库中出现。在实验过程中发现,随着排序总数的增加,SNP 或基因数据在 PhenoScanner 数据库中出现的百分比呈现大致越来越小的增加趋势,主要原因是用数值求解通路关系时,相同变化趋势的 SNP 或基因数据在数据稀疏化处理时会被随机置换。随着通路路径评分的减小,相同变化趋势的 SNP 和基因数据总量得到了增长,能够与数据库匹配的 SNP 或基因数据被置换的可能性增大,故与数据库匹配的 SNP 或基因数据所占比例有所减少。

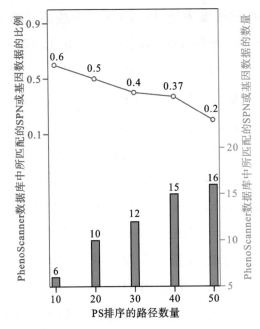

图 4-7　生成路径的双坐标统计图

表 4-3　得分值前 20 的通路相关信息

SNP	基因	路径评分	是否在 PhenoScanner 数据库中出现
rs12419692	*BAG5*	0.0971	是
rs1794429	*F2*	0.0887	是
rs7615840	*THBD*	0.0854	否
rs363082	*THBD*	0.0810	否

SNP	基因	路径评分	是否在 PhenoScanner 数据库中出现
rs4150581	BAG5	0.0784	是
rs7615840	PROS1	0.0747	是
rs5751141	XRCC6	0.0574	是
rs5751141	ZHX1	0.0544	否
rs5758464	HGFAC	0.0500	是
rs1794429	SLC30A2	0.0496	否
rs10503418	WWC1	0.0485	是
rs4346818	METTL27	0.0389	否
rs12467784	ERBB4	0.0332	是
rs11250130	MTMR6	0.0329	是
rs2470615	HIF3A	0.0303	否
rs4824079	HNRNPDL	0.0298	否
rs6502780	PSME8	0.0253	是
rs4346818	NCAPH2	0.0247	否
rs738202	VEGFD	0.0245	否
rs1331057	FGG	0.0237	否

4.5　本章小结

本章采用 SPICi 算法和分组最小角回归算法进行基因聚类和筛选，通过融入 eQTL 数据获得各聚类中与基因簇对应的 SNP 簇，通过 SPLS 建立 SNP 与基因的关联关系，并与表型一起形成类块，最后对各类块所得预测结果求平均。与现有其他常规方法相比，该方法在 GSE33356 和 GSE114269 数据集的分析上均取得了较好的结果，且耗时最短。为了验证样本量对算法的影响，我们从这两个数据集中随机选择样本，当样本量大于 20 时，本章方法具有一定的有效性。最后，根据 PS 值对 SNP 或基因对生成的关联进行了排名，排名前 10 的通路在 PhenoScanner 数据库中存在 6 条,排名前 20 的通路在 PhenoScanner 数据库中存在 10 条,结果表明,该方法可以有效解决小样本多组学数据的预测问题。

本章主要解决的是小样本情况下基于多组学数据的基因型与表型关联研究,而面对数据特征量庞大的情况,最常用的思路有两种,一种是特征降维,一种是特征筛选,但特征降维方法的使用可能导致降维前后特征无法匹配的问题,所以本章方法主要利用稀疏化和已有关联数据进行特征筛选,以达到减少特征值的目的。本章方法最大的优点是能够根据基因的网络特征将基因分组成簇,同时显著减少每个簇中的特征数量。基因网络的聚类和有效筛选大大减少了三层网络的特征数量,使得本章方法更加适合于小样本数据的应用。

数据是多组学研究的关键。然而,多组学数据通常会出现以下两种情况。一是随着组学数据类型的增加,多组学数据不易获取,数据样本量不大,本章可以在小样本的情况下解决这类问题,优点在于利用多组学数据进行分析,可以反映各组间的关联关系,使生物机制更加清晰,但准确性不高;二是当样本量较大时,组学类型的数量往往较少,GWAS 虽然具有一定的准确性,但一般采用统计方法进行分析,无法了解其内在的生物学机制。如何在使用样本量充足、组学类型不足的数据时达到多组学数据的分析效果,并提高预测准确性,将是我们下一步研究的方向。

本章方法虽有明显的优势,但相关数据关系依赖于 PPI 网络数据及 eQTL 关系数据,所以该方法只能处理 SNP/CNV、基因及表型三层网络间的关联关系,无法得到有效扩展,如无法进行 SNP、甲基化及表型三者间的通路分析。

在使用 SPICi 算法时,虽然可以根据一定的标准,对三个聚类超参范围进行限制,但该方法对超参的选择非常敏感,若参数设定不恰当,则可能会影响聚类的准确性。因此,在算法中,我们也尝试用模糊聚类算法来替代 SPICi 算法,模糊聚类所得结果类似有放回地抽取多个基因簇,但模糊聚类也需要设定聚类个数等参数,而且当聚类数据样本量较大或其特征数较多时,算法比较耗时[79],可在后续工作中对此进行改进[79]。

第 5 章　基于神经网络的基因型与表型关联分析

5.1　引言

近年来,越来越多的研究试图将临床病症(如癌症和其他疾病)与基因表达和其他类型的组学数据联系起来[128-130],形成多组学数据进行综合分析[131-134],这样的研究更符合生物实际。然而,基因型与表型关联分析中的多组学数据中,特别是在一些新型疾病数据中,一般会出现以下两种情况[15,23,131]:一是随着组学数据类型的增加,同一样本的多组学数据不容易获得,导致数据样本量不大,针对这一类小样本情况下的多组学融合分析问题,第 4 章我们已进行了相关算法说明,取得了一定的进展[79];二是当样本量足够大时,往往组学类型数量不多,达不到多组学分析要求,如 GWAS 数据。

本章主要针对以上第二种情况进行分析。为了达到多组学分析的效果,一般会引入组学间的关联关系,如在研究 SNP 对表型的影响时,最常见的方式是通过融入 eQTL 数据引入基因表达量,将 eQTL 数据嵌入模型中可以获得更好的分类性能[135-136]。但由于 SNP 的特征量巨大,在使用之前,应该进行降维处理,如常用的主成分分析(PCA)或 Isomap 算法等。但此类无监督的降维方法无法将降维前后的特征量进行对应,从而难以获得 SNP 对基因的影响进而导致疾病的通路关系。要减少输入的特征量,达到降维的效果,除了采用常见的降维方法外,还可以使用特征筛选的方法,如以"三层法"为基础,将基因作为中间层,利用 eQTL 数据建立 SNP 与基因间的关联关系,并通过 eQTL 数据对 SNP 和基因进行筛选,降低 SNP 层和基因层的维度。通常下一层节点数少于上一层节点数,可以利用较小基数(与最上层特征数量相比)的下一层作为输入数据的降维表示,这样既能达到降维效果,又能建立通路关系。Lin 等人[137]提出了一种特征筛选的监督方法,即基于神经网络生成 scRNA - seq(单细胞 RNA 测序)数据的低维表示,即将神经网络与蛋白质相互作用(PPI)网络相结合,利用训练神经网络的隐层生成 scRNA - seq 数据的低维表示,该方法比大多数现有的无监督模型具有更好的性能。采用神经网络也可对 SNP 进行有效降维,神经网络模型为多层网络架构,这样既可以利用网络捕获数据中所存在的重要生物学知识,得到 SNP -基因-表型间的关联关系,也可以利用数据筛选 SNP 特征量,达到降维的目的。

此外,疾病产生的原因是基因间的相互作用,即功能相关基因更容易相互依赖,并以协同的方式对生物结果产生影响。如第 3 章中引入通路及模体等基因关联信息,结合多组学数据来共同研究这些关联信息对癌症亚型分类的影响,结果表明,融入基因间关联关系后,聚类效果在各个方法中都有不同程度的提升[138],所以,在引入基因中间层时应考虑层内关系对生物的影响[139]。Kong 等人[140]将基因网络与深度前馈网络(deep feedforward network,DFN)结合起来以研究基因、表型间的关联关系,此方法对研究疾病分类和特征空间结构方面的内容有很大帮助。Zhao 等人[141]提出了一种新的模型——GCN - DTI(graph convolutional network-drug target interaction,图卷积网络药物靶标相互作用)模型,用于新的药物靶标相互作用(drug target interaction,DTI)的预测,该模型首先使用图卷积网络来分析药物和蛋白质的特征,其次将特征表示作为输入,利用深度神经网络预测最终标签,该模型在很大程度上优于一些常规的最先进的方法。以上方法既考虑了基因间关联关系,又将基因网络与深度前馈网络进行了有效结合。

综上所述,我们提出了基于 eQTL 数据的图嵌入式深度神经网络(G－EDNN)方法,该方法利用 eQTL 数据实现了网络层间的稀疏连接及特征筛选,达到了有效降维及防止过拟合的目的,同时在网络中嵌入基因关联网络来反映组学内部关联关系,使模型更加贴近生物实际。该方法通过 eQTL 数据及基因关联关系两层有效筛选,解决了大特征量(p)下,样本量(n)较少($n \ll p$),阻碍了机器学习方法在疾病结果分类中的应用问题。本章使用基因表达综合(GEO)数据库中的 GSE28127 和GSE95496 数据集进行分析,测试了各种参数下的神经网络架构,并使用先验的数据进行特征选择及图嵌入表示,结果表明,本章方法能实现高精度分类和易于解释的特征选择,是基因型-表型关联分析在深度学习网络中的一个有效的拓展应用。

本章创新点主要包括:

(1)通过融入 SNP 与基因、基因与基因的关联关系,增加了深度神经网络的可解释性;

(2)考虑了组学内部及组学间的关联关系,更加符合生物实际机制;

(3)通过神经网络达到特征筛选及降维的目的;

(4)利用 GWAS 数据及其他关联关系数据,达到了多组学数据分析的效果,使得通路关系更加清晰。

5.2　算法介绍

5.2.1　深度神经网络

深度神经网络(deep neural network,DNN)的目标是利用深度前馈网络将分类器 $Y = f(X)$ 拟合为一个 $f(X, \theta)$ 函数,并利用参数 θ 的值得到最好的函数拟合。假设深度神经网络包含 m 层,则网络可表示为

$$
\begin{cases}
\boldsymbol{X}_1 = \delta(\boldsymbol{X}_0\boldsymbol{W}_0 + \boldsymbol{b}_0) \\
\qquad \cdots\cdots \\
\boldsymbol{X}_{i+1} = \delta(\boldsymbol{X}_i\boldsymbol{W}_i + \boldsymbol{b}_i) \\
\qquad \cdots\cdots \\
P(\boldsymbol{Y} \mid \boldsymbol{X},\theta) = f(\boldsymbol{X}_m\boldsymbol{W}_m + \boldsymbol{b}_m)
\end{cases}
\tag{5-1}
$$

其中,$\boldsymbol{X}_0$ 为包括 n 个样本量、p 个特征量的输入矩阵;$\boldsymbol{W}_0$、$\boldsymbol{b}_0$ 分别为初始化权重矩阵及偏移量;$\boldsymbol{Y}$ 为 n 维样本标签,$\boldsymbol{Y} = (Y_1,Y_2,Y_3,\cdots,Y_n)^{\mathrm{T}}$;$\theta$ 代表模型的所有参数;$\boldsymbol{X}_i$、$\boldsymbol{W}_i$、$\boldsymbol{b}_i(i = 1,2,\cdots,m)$ 分别代表各层神经元、权重矩阵及偏移量;$\delta()$ 为激活函数;$f()$ 表示将输出层的值转换为概率预测;$P(\boldsymbol{Y}|\boldsymbol{X},\theta)$ 表示条件概率,即参数为 θ 时,在已知 $\boldsymbol{X}$ 发生的条件下,$\boldsymbol{Y}$ 发生的概率。可利用随机梯度下降法(stochastic gradient descent,SGD)等优化损失函数,并可通过改变参数来最小化交叉熵损失函数[142],该函数具体如下:

$$
C = -\frac{1}{n}\sum_{i=1}^{n}Y_i\ln(f(\boldsymbol{X}_i\boldsymbol{W}_i + \boldsymbol{b}_i)) + (1-Y_i)\ln(1 - f(\boldsymbol{X}_i\boldsymbol{W}_i + \boldsymbol{b}_i))
$$

$$
\tag{5-2}
$$

5.2.2　基于 eQTL 数据的图嵌入式深度神经网络

利用上述 DNN 方法,可以将 SNP 作为输入、将表型作为输出建立深度学习网络,为了更加贴近生物实际,需要将基因组学内部关联关系融入 DNN 中,由此提出了基于 eQTL 数据的图嵌入式深度神经网络(G‐EDNN)模型。此模型的应用有以下两个假设条件:①大多数 SNP 通过基因影响表型;②基因对表型的影响并不是仅靠个别基因,而是通过基因间的关联关系共同影响的。第一个假设条件已在文献[19]中得到证明,大量 SNP 通过基因对表型产生影响,所以,我们增加了基因中间层,这样既符合生物实际,又可以通过 eQTL 等关联关系数据实现稀疏连接。由于基因的个数远远小于 SNP 个数,所以神经网络模型使用多层结构时,通常节点数量少于输入值的数量,可以作为输入数据的降维表示,达到快速降维的目的。而基因之间本身又具有关联关系,不满足隐藏层中神经元独立同分布的特点,应将基因间的关联网络融入神经网络中去,这就产生了第二个假设条件,其在文献[140]中已得到证明。在神经网络中融入基因间的关联关系,则该模型具有更高的分类精度和更好的特征选择能力,如图 5-1 所示,即将基因间的关联网络嵌入深度神经网络中,形成最终的基于 eQTL 数据的 G-EDNN 模型。此模型并未考虑 SNP 间的关联关系,原因主要有两方面。①SNP 间的关联关系主要通过 SNP 位置关系或连锁不平衡分析进行建立,例如多个 SNP 位点处于同一个基因段中,则认为这些 SNP 间有关联关系,而且有很多 SNP 间的关联关系可通过基因间的关联关系进行计算并反映,此类关系在 eQTL 数据和基因间关联关系(如 PPI 网络)中都已体现,若再考虑 SNP 间的关联关系,有重复的可能。②若在此模型中使用 SNP 间关联关系,则需要在模型中再嵌入 SNP 数据,而 SNP 数据量一般为几十万甚至上百万个,若在此网络中增加 SNP 关联关系,形成的 SNP 关系矩阵不但过大,且相对于 SNP 数据特征量,其关联关系过于稀疏。综合以上原因,模型建立过程中并未考虑 SNP 的层内关联关系。

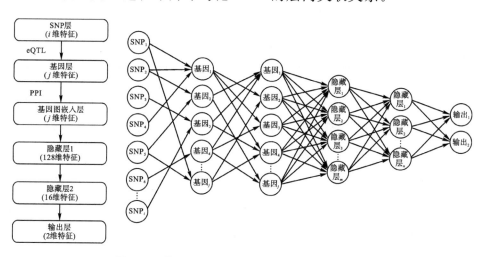

图 5-1　基于 eQTL 数据的 G-EDNN 模型示意图

在应用 SNP 与基因的关联关系和基因内部关联关系时，均涉及稀疏连接。这些关联关系可以用邻接矩阵来表示，设 A 及 A' 分别表示 SNP 与基因、基因与基因间的邻接矩阵，则

$$A_{ij} = \begin{cases} 1, \text{如果 SNP 与基因有关联关系} \\ 0, \text{其他情况} \end{cases} \quad (5-3)$$

$$A'_{ij} = \begin{cases} 1, \text{如果基因与基因有关联关系} \\ 0, \text{其他情况} \end{cases} \quad (5-4)$$

其中，i、j 分别代表矩阵坐标；A' 为对称矩阵，要求 $A'_{jj} = 1$，即基因网络上下层相互自连接。将 A、A' 两邻接矩阵融入 DNN 网络中，则公式（5-1）变为

$$\begin{cases} \boldsymbol{X}_1 = \delta[\boldsymbol{X}_0(\boldsymbol{W}_0 \cdot \boldsymbol{A}) + \boldsymbol{b}_0] \\ \boldsymbol{X}_2 = \delta[\boldsymbol{X}_1(\boldsymbol{W}_1 \cdot \boldsymbol{A}') + \boldsymbol{b}_1] \\ \boldsymbol{X}_3 = \delta(\boldsymbol{X}_2\boldsymbol{W}_2 + \boldsymbol{b}_2) \\ \quad \cdots\cdots \\ \boldsymbol{X}_{i+1} = \delta(\boldsymbol{X}_i\boldsymbol{W}_i + \boldsymbol{b}_i) \\ \quad \cdots\cdots \\ P(\boldsymbol{Y} \mid \boldsymbol{X}, \theta) = f(\boldsymbol{X}_m\boldsymbol{W}_m + \boldsymbol{b}_m) \end{cases} \quad (5-5)$$

其中，运算符"·"表示元素点乘，因此，前馈网络前三层之间的连接通过点乘邻接矩阵实现了特征过滤。通过 PPI 网络映射出基因间的关联关系，并仅考虑网络中出现的基因，相当于对基因进行了初步筛选，接着利用 eQTL 等统计关系数据，通过初步筛选的基因对 SNP 层进行筛选。此时，SNP 层仅保留了与基因相关的 SNP，基因层仅保留了与 SNP 相关且与其他基因有关联关系的基因。此类特征可过滤基于生物间的关联关系，具有一定的生物意义，与部分降维方法仅依赖特征数据本身的数学特点进行筛选不同，故所选特征的功能可以帮助阐明疾病结果的潜在生物学机制。

5.2.3　模型参数设置

G-EDNN 模型是指在深度神经网络内融入生物信息的一类模型，其参数设置与深度神经网络类似，主要包括激活函数的选择、优化器的选择、防止过拟合策略的设置、学习率设置、层数的设置、隐藏层节点数的设置、批量数值设置等。参数调优过程以接受者操作特征曲线（ROC 曲线）的曲线下面积（AUC）为指导，即参数选择方面，本章将具有最佳 AUC 值的超参作为候选项。

G-EDNN 模型训练过程中，激活函数选择 ReLU 函数[143]，这种激活函数比 sigmoid 函数和 tanh 函数更具优势，因为在使用随机梯度下降法时，ReLU 函数可以避免梯度消失问题[144]。

优化器选择 Adam（adaptive moment estimation，自适应矩估计）优化算法[145]，这是深度学习中使用最广泛的传统梯度下降算法的扩展。此外，该算法使用小批量数据进行训练，优化器在每次迭代中只需随机抽取一小部分样本进行训练。批量数值设置得过大会影响网络的精准度，因为其改变了梯度下降时的随机率。在相同情况下批量数值越大，则需要训练更多的轮次（epoch）才能达到一定的准确率。若使用较小的批量数值，则轮次的权值更新率会提升，这样有可能会跳出局部最优解，提升其泛化能力，所以本章选择一些较小的批量数值进行尝试，如 16、8 和 1 等。学习率的设置一般不会影响分类的性能，但可能导致不一致的收敛速度。一个相对大的学习率会加快收敛速度，但也有跳过最优值的风险。本章将候选集数据的学习率分别设定为 0.05、0.01、0.005、0.001，结果表明，学习率 0.001 和批量数值 8 的组合是最佳选择。

为了避免过拟合现象，本章使用随机失活策略。该策略旨在训练过程中按照一定的概率随机删除网络中的神经元（输出层除外）。使用随机失活策略可防止由于参数导致的过拟合的发生，从而提升参数对数据的泛化能力，通常用 0.5、0.6、0.7、0.8 和 0.9 几个数值进行尝试，依据尝试结果,最终确定参数值为 0.9。同时,在算法实现过程中通过正则化进一步防止过拟合,并利用权重矩阵 $\boldsymbol{W}_i$ 弱化训练数据的噪声,公式如下:

$$\mathrm{Loss} = \mathrm{loss}(\boldsymbol{Y}, \boldsymbol{y}) + \alpha \sum_{i=0}^{m} \mathrm{loss}(\boldsymbol{W}_i) \qquad (5-6)$$

其中,$\mathrm{loss}(\boldsymbol{Y}, \boldsymbol{y})$ 是指算法中参数的损失函数;$\boldsymbol{y}$ 为真实值向量;超参 α 定义了 $\sum_{i=0}^{m} \mathrm{loss}(\boldsymbol{W}_i)$ 在 Loss 公式中的比例,即正则化的权重;m 为神经网络层数。

此外,神经网络还有两个关键的超参,即用于建立网络拓扑模型的层数及各层的节点数(神经元个数),配置网络时必须指定这些参数的值。模型中的隐藏层数不能太多,因为本章处理的样本数据量相对较小,同时,一个过于浅显的神经网络对于复杂的分类问题也有不利的影响。但是,由于本章方法中包含两层基因隐藏层,考虑以上原因,故在选择隐藏层个数时,我们决定在包含基因层本身基础上,尝试再增加 2~5 个隐藏层。在后续对比验证实验中,有些算法不包含基因隐藏层,通过分别测试,最终层数确定为:当算法中包含基因隐藏层时,增加 2 个常规隐藏层;当不包含基因隐藏层时,增加 3 个常规隐藏层。

对于隐藏层的节点数,本章遵循深度学习领域的惯例,将其设为以 2 的幂指数递减的数量,从输入层到输出层,数据逐渐减小。与上述各参数相比,隐藏层的个数对于神经网络效能影响不大。在本实验中,大部分情况下隐藏层个数的提升仅仅会影响训练时间的复杂度。

相比于普通的神经网络,G-EDNN 模型有其特殊之处,例如,基因隐藏层节点数取决于 SNP 层及基因内部关联关系,其余常规隐藏层节点数从 256、128、64、32、16 等数据中尝试筛选。结合基因隐藏层的有无及常规隐藏层层数,最终确定为:当算法中包含基因隐藏层时,则常规隐藏层选择 2 层,各隐藏层的节点数分别设定为 128、16;当不包含基因隐藏层时,则常规隐藏层选择 3 层,隐藏层的节点数分别设定为 256、64、16。

5.3　数据来源及预处理

为了验证算法的有效性,我们用来源于 GEO 数据库的两组数据(GSE28127、GSE95496)进行验证[36]。GSE28127[146] 是研究肝癌患者的数据集,采用专用芯片对该数据集中的 217 个肿瘤癌患者和 184 个非肿瘤癌患者进行 DNA 和表达变异分析。GSE95496[147] 是研究急性髓系白血病的数据集,采用 SNP 序列对 254 对该数据集中的急性髓系白血病样本进行 SNP 分析。

PPI 网络数据来源于 PICKLE 数据库[34],此数据库是人类蛋白质相互作用的元数据库,其通过基因本体信息整合各公开来源的蛋白质相互作用数据库。

为了数据预测的准确性,针对组织特异性,选择与该数据对应的eQTL 数据,如第一组数据选择肝部 eQTL 数据,则第二组数据选择血液 eQTL 数据。

数据预处理主要完成对各类数据中 SNP 和基因命名方式的统一,在 SNP 数据中去掉缺失值超过 20% 的数据,若缺失值小于 20%,则用出现频次最高的数据进行填充,并仅取最小等位基因频率大于 0.05 的SNP 数据。

5.4　实验结果分析

5.4.1　预测结果分析

本章方法基于神经网络展开研究,在第一层中融合了 eQTL 等统计关系数据,在隐藏层中融入了基因间的关联关系,所以本章通过以下三种方法进行对比实验。

(1)通用 DNN 方法。该方法采用传统深度学习网络进行分析,各类参数的设置、激活函数的选择等参照 5.2.3 模型参数设置章节。与本章方法相比,此方法去除了第一层通过 eQTL 等统计关系数据进行特征选择的过程,隐藏层中只考虑常规隐藏层,不考虑基因关联关系。

(2)融入 eQTL 等关联关系数据的 DNN 方法,命名为 E-DNN。此方法在通用 DNN 方法的基础上,通过第一层 eQTL 等统计关系数据对 SNP 层进行特征筛选。但此方法是基于 Lin 等人[137]提出的特征选择方法,结合 SNP 数据特点演变而来的,未考虑基因内部关联关系。

(3)Kong 等人[140]提出的 G-EDFN(graph-embedded deep feed-forward network,图嵌入式深度前馈网络)方法。此方法的主要特点是考虑基因内部关联关系,通过将基因网络信息直接集成到分类器中,解决样本量远远小于特征量的问题。在利用 G-EDFN 方法的过程中,SNP 与基因层采用全连接的方式进行关联,隐藏层中仅融入基因网络信息进行特征筛选。

使用 GSE28127、GSE95496 两组数据将 G-EDNN 方法与以上三种方法进行对比,由于为二分类问题,本章使用 ROC 曲线进行预测分析,根据 AUC 值进行对比说明,具体如图 5-2 所示。图 5-2 中,每个图的图例中包含各类算法的 AUC 值,从 ROC 曲线及 AUC 值可以看出,G-EDNN 方法在两组数据中的 AUC 值均最高,整体表现优于其他方法。通过对比发现,G-EDNN 方法的结果比 G-EDFN 方法有明显提升,说明在分析过程中应考虑组学内部关联关系,并将其融入深度神经网络中使 G-EDNN 方法更加符合生物实际;G-EDNN 方法比 E-DNN方法效果好的原因主要是增加了 SNP 与基因间的关系筛选,说明在考虑基因关联关系的基础上,同时考虑 SNP 与基因间的关系,更能反映生物本身机制;通过 SNP 与基因关联关系进行特征筛选的 E-DNN方法比通过基因关联关系进行特征筛选的 G-EDFN 方法效果好,说明与基因内部关联关系相比,SNP 与基因间的关联关系对算法的影响更大;E-DNN 方法与 G-EDFN 方法均比 DNN 方法具有优势,说明无论是通过 SNP 与基因的关联关系还是通过基因网络数据进行筛选都可达到特征降维,提高预测准确率的目的。

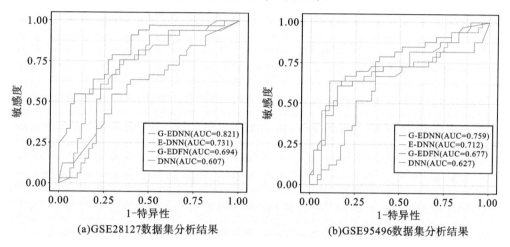

图 5-2　用 ROC 曲线比较 G-EDNN 与 E-DNN、G-EDFN、DNN 等方法的性能

综合上述四种方法在两组数据中的应用可以看出,第一组数据结果明显优于第二组数据结果,主要原因是两组数据的 SNP 量区别较大。第一组数据进行预处理后的 SNP 数量为 2065,而第二组数据的 SNP 数量为 6426,两组数据的样本量分别为 401 和 508,在样本量相差不大的情况下,筛选后的特征量越小,结果越优。

5.4.2　样本量分析

在基因型与表型关联关系研究中,样本量的大小往往对结果产生一定的影响。例如,对于 NETAM 方法[19],当样本量 $N > 200$ 时,算法才会起作用;对于 GSPLS 方法[79],则仅需要几十个样本。

为了验证样本量对算法的影响,本章分别从数据集 GSE28127 和 GSE95496 中递减式抽取随机样本,在提取过程中正、负样本量保证同比例。由于两个数据集的样本总量存在差异,因此我们对 GSE28127 数据集的样本按每次递减 60 进行抽取,即 $N=360,300,240,180,120$,对 GSE95496 数据集的样本按每次递减 100 进行抽取,即 $N=500,400,300,200,100$。如图 5-3 所示,每个图的图例中包含样本量说明及该数据样本量下所对应的 AUC 值。通过对两个数据集的实验结果对比发现,AUC 值的总体趋势是随着样本量的减小而减小的;在相同样本量下,数据集 GSE28127 的实验效果比数据集 GSE95496 的好,主要原因与数据自身特征量相关,具体已在 5.4.1 预测结果分析章节进行了说明。在实验过程中同时发现,当数据集 GSE28127 的样本量小于 180 或数据集 GSE95496 的样本量小于 300 时,在深度网络中施加多种解决过拟合的方法(加入随机失活层、调小学习率、使用其他优化器等),仍无法避免过拟合现象,说明不同数据特征产生过拟合现象的最小样本量情况不一。相同样本量下数据特征量越多,越容易产生过拟合现象。

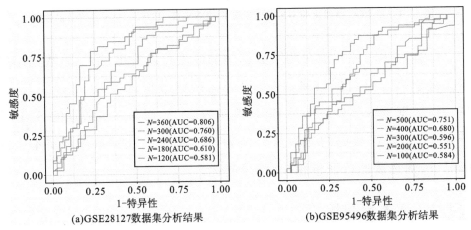

图 5-3　不同样本量(N)下 G-EDNN 方法性能(ROC 曲线)的比较

5.4.3　通路分析

相比于其他方法,本章方法(G-EDNN 方法)可以分析 SNP-基因-表型间的通路关系。通过 G-EDNN 方法可获得每个 SNP 与相关基因及疾病间的权重关系,将这两层权重值相乘,得到路径的最终权重(如果没有边存在,则将边权重设置为 0),我们将其命名为路径得分(PS),以此反映各路径的重要程度。

以数据集 GSE95496 为例,我们将生成的各组学层间的关联关系以 PS 大小进行排序,并取出排序前 20 的通路与 PhenoScanner 数据库[31] 中急性髓系白血病相关 SNP 和基因进行了比对。在求解过程中,算法并未进行权重归一化处理,主要原因是 PS 为两层权重乘积,若进行归一化处理,会影响两层权重在 PS 中的比例。

与 PhenoScanner 数据库进行匹配,可以反映出本章方法能否找到已被证实的关键基因位点或基因。从表 5-1 中可以看出,排序所得到的前 10 条通路中有 6 条通路在 PhenoScanner 数据库中出现;排序所得到的前 20 条通路中有 9 条通路在 PhenoScanner 数据库中出现。

表 5-1　前 20 条通路的 PS 及相关信息

序号	SNP	基因	PS	是否在 PhenoScanner 数据库中出现
1	rs6564261	CFDP1	383.11	是
2	rs11915851	ITIH3	341.02	否
3	rs17304995	RFT1	302.16	是
4	rs35671032	PRKCD	274.37	否
5	rs1178032	CENPB	270.12	否
6	rs59895335	PRKCE	259.24	是
7	rs10781976	BCAR1	257.39	是
8	rs113487987	DPYD	252.41	是
9	rs76214357	ITIH1	250.26	是
10	rs8100824	LRRC25	243.75	否

续表

序号	SNP	基因	PS	是否在 PhenoScanner 数据库中出现
11	rs116793674	MYL7	243.05	否
12	rs12652555	ERAP1	238.23	否
13	rs56063308	MAP3K7	238.05	是
14	rs217361	TMED4	237.97	否
15	rs118052674	CENPB	225.43	否
16	rs72697033	RFX3	223.58	是
17	rs1041608	WDR5	221.85	否
18	rs117104394	NISCH	220.17	否
19	rs1471483	MMRN1	220.02	否
20	rs117259301	VPS16	218.36	是

5.5　本章小结

随着高通量技术的不断发展和测序成本的不断下降,多组学数据应用更加广泛,这虽然提供了新的机会来揭示 SNP -基因-表型的关联机制,但仍然具有一定的挑战性,主要原因:①多组学数据应用过程中,当样本量足够大时,往往组学类型数量不多,达不到多组学分析要求;②应考虑组学内部关联关系,如基因间的相互关系;③与较大的特征量(p)相比,样本量(n)较少,$n \ll p$ 阻碍了机器学习方法在疾病结果分类中的应用。为了解决这些问题并建立一个鲁棒的分类模型,本章提出了基于 eQTL 数据的图嵌入式深度神经网络(G - EDNN)方法,该方法利用 eQTL 等统计关系数据实现了网络层间的稀疏连接,防止了过拟合的出现;同时,又考虑了组学内部关联关系,使其模型更加贴近生物实际。为了验证该方法的有效性,本章使用 GEO 数据库中的 GSE28127 和 GSE95496 数据集进行了实验对比,测试了各种神经网络架构,分析了不同样本量下的算法性能,统计了所得通路在数据库中的匹配程度,并使用 eQTL 等统计关系数据和基因关联关系进行特征选择及图嵌入表示。结果表明,该方法能实现高精度分类和易于解释的特征选择,并达到了多组学数据的分析效果。

在 SNP 与基因关联关系建立过程中,不仅仅用到了 eQTL 数据,同时也用到了 SNP 与基因的位置关系数据,即若 SNP 的位置处于某基因位置区间,则认为该 SNP 与该基因可能存在关联关系。其原因主要有以下两个:一是 SNP 特征量巨大,而 eQTL 数据包含的 SNP 数据量相对较小,仅考虑 eQTL 数据,会导致结果过于稀疏,可能错过某些未发现的隐含关系;二是利用 SNP 与基因的关联关系及基因自身网络进行筛选,如果没有 eQTL 数据映射到特定的基因关联关系中,则会导致错过该基因集群。

对于模型的泛化性,一般采用模拟数据的方式进行测试,但本章并未在模拟数据中进行测试,主要原因是:在本章方法中使用的 SNP、基因、eQTL 和 PPI 网络等数据都具有相关性,但在生成模拟数据时,它们之间的潜在关系不能反映出来。例如,当模拟 SNP 数据和基因数据时,eQTL 数据不能随机生成,因为基因网络中的相关基因可能影响到其对应的 eQTL 数据。由于上述原因,本章方法仅使用了真实数据进行验证。

由于本章方法涉及多个超参的设定,个别参数对结果比较敏感(如 Loss 公式中的超参 α),且分析结果中 AUC 值仍有很大的提升空间,所以以此方法为基础,考虑在后续的研究中融入表型间的关联关系,如增加已知疾病通路数据及疾病间的关联关系数据,通过已知疾病通路关系,分析与已知疾病关联的其他疾病通路情况[148]。

第6章 基于多表型统计数据的基因型与表型关联分析

6.1 引言

在基于多组学数据的基因型与表型关联分析中,前几章主要采用临床数据中的各组学数据进行多组学分析。在临床数据中,矩阵形式数据的横、纵坐标分别代表样本及该组学数据的特征量,如各临床数据中的SNP数据、基因表达数据、甲基化数据等。数据来源主要通过临床采集获得。由于保护患者个人隐私及各机构对数据有一定的管理要求,且各组学数据自身特征量相对较大,所以在利用临床数据进行分析的过程中,往往会遇到组学数据类型不够,样本量相对较小等问题。针对此类问题,本书分别进行了研究,如第4章,针对样本量小的问题,提出了利用聚类分组的方法减少特征量,以达到适应小样本应用的目的;第5章,针对组学数据量不够的问题,提出了在深度神经网络中融入基因隐藏层,使用已有先验统计信息辅助多组学融合算法进行分析,并借助关联关系数据达到了多组学数据融合的效果。此处,关联关系数据是指通过从已有数据库中获得的各组学之间关联关系数据。各数据库中的数据一般会通过活检实验、算法验证、统计归纳等多种方式收集,这给我们开拓了一个新的研究思路,由于关联关系数据易于获得,更新速度快,故本章考虑能否全部使用关联关系数据来分析基因型与表型关联关系。以往多组学方法研究中,以临床数据为基础,关联关系数据仅作为验证数据或只起到边缘辅助作用,且利用临床数据进行分析时,表型数据仅包含所研究的具体疾病或性状,几乎没有利用表型间的关联关系进行分析,由此设想能否利用关联关系数据建立基因型与表型相关网络进行分析,以达到类似临床多组学分析的效果。

利用关联关系数据分析基因型与表型关联关系,着重考虑两方面问题:①表型间的关联关系能否用来分析基因型与表型的关系;②如何利用关联关系数据构建关联网络,继而分析基因型与表型关系通路。

首先,表型相似性网络已得到大量应用。Fiscon 等人[149]提出了一种新的基于网络的药物重新定位算法,即通过一种新的基于网络的相似度量,量化药物靶点和人类交互组中疾病特异性蛋白之间的相互作用,预测药物、疾病之间的关联。该算法借助疾病之间的相似网络优先分析位于同一网络的药物和疾病之间的关联。Van Driel 等人[150]利用机器学习方法对人类的各种表型进行分类整理,发现各类表型间的相似性与许多基因的测量值呈正相关,如通过蛋白质或其功能注释信息来反映基因时,其值的变化与相关表型的变化呈相同趋势,因此,表型图谱可以用来预测疾病的候选基因及疾病与蛋白质之间的功能关系。文献[151]中提到,许多基于网络的方法被提出用于疾病-基因关联预测。这些方法的基本假设是,功能相近的基因导致的表型具有相似性,这些基因在分子网络中相互靠近,如蛋白质-蛋白质相互作用(PPI)网络、共表达网络和基因调控网络等,将基因网络与表型网络结合分析,能取得更好的分析效果。综上,在本章中,考虑融入表型间关联关系来进行基因型与表型关联分析。

其次,生物分子之间的相互作用一般以生物网络的形式表现出来。当使用临床数据建立生物网络时,一般采用线性回归、偏最小二乘等方法建立各组学间的关联关系。而使用关联关系数据建立生物网络时,一般利用多个已有数据库中的数据建立相关网络。使用关联关系数据可以从多领域、多维度分析基因型与表型关联关系,如多表型关系的建立可以通过影像、表征特性等方面进行构建,这样就包含了原来临床数据中多组学数据未涉及的信息,可以更全面地分析基因型与表型关联关系,所以基于网络的计算方法正被有效地用于基因与疾病的关联预测中。Wu 等人[152]提出了一个名为 CIPHER（correlating protein interaction network and phenotype network to predict disease genses，关联蛋白质相互作用网络和表型网络预测疾病基因）的计算框架来预测疾病基因并对其排序，该算法集成了人类蛋白质-蛋白质相互作用、疾病表型相似性和已知的基因-表型关联关系，以此捕获表型和基因间的复杂关系；该方法有效地对疾病基因进行全基因组扫描，预测了超过 1000 种人类表型的遗传格局。Kim 等人[151]通过结合全基因组加权 PPI 网络、基于本体论的疾病网络和基因-疾病关联关系构建的异构网络来比较已知疾病相关基因的存在和不存在两种不同环境的预测性能。由此可见，利用关联关系数据构建的生物网络已得到广泛应用，然而，这些网络主要应用在两层模型中，即仅包含基因层和表型层的双层关联网络，大多数与复杂疾病相关的 SNP 仍然难以捉摸，而且基因型-表型关联的分子机制在很大程度上是未知的，整个致病通路并不完整，无法从遗传位点层面说明导致疾病的机理[153]，因此需要对两层网络进行扩展分析[154]。

随着时代的发展，各关联关系数据所在数据库的信息不断扩充更新，且更加准确，利用已有关联关系数据作为模型预测数据，在模型不升级的情况下，预测准确度仍然会不断提升。针对以上特点，本章考虑利用关联关系数据建立 SNP -基因-表型三层网络探索基因型与表型通路关系。三层网络构建过程中考虑了基因与基因、表型与表型等组学间内部的关联关系，更加符合生物实际；解决了临床数据难以获得而无法预测 SNP 与表型关联关系的问题；分析了 SNP -基因-表型不同组学层间的生物通路关联关系，使生物意义更加明了。通过对各类数据库数据的分析发现，各数据库中组学内部关联关系存在定量值，而组学间关联关系一般只有定性值，即有关联为 1，无关联为 0。通过本章模型的建立，可以利用组学内部定量值和组学间关系定性值预测关键关联基因并计算各层间通路关系的路径得分，以此分析 SNP -基因-表型间的通路关系。

6.2 算法介绍

为了能全面了解基因型到表型之间的生物机理,达到临床数据的分析效果,本章在利用关联关系数据构建生物网络时增加了基因表达层,即构建了 SNP -基因-表型三层网络架构。模型建立思路如图 6-1 所示。

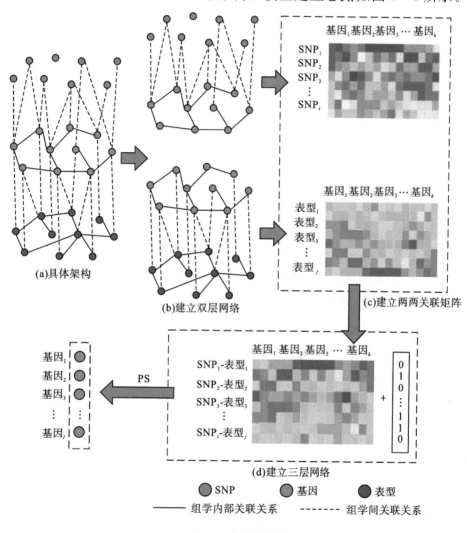

图 6-1 算法流程图

6.2.1　三层网络构建

为了更加准确地反映生物机制,在建立三层网络时,既要考虑组学内部关联关系,又要考虑组学间关联关系,具体架构如图 6-1(a)所示。

图 6-1 的具体架构中,第一层为 SNP 层。SNP 之间的关联关系一般称为上位关联关系,上位性是表型变异的一个重要的遗传成分,也是解释遗传力缺失的一个关键机制。在遗传关联研究中识别上位性相互作用可以帮助人们更好地理解复杂性状和疾病的遗传结构。许多统计方法已经用来建模和识别遗传变异之间的上位性相互作用。如 Zhu 等人[136]利用 SNP 位置信息整合来自 GWAS 和 eQTL 研究的汇总数据并预测了复杂的性状基因靶点;Roytman 等人[155]利用 SNP 与基因位置关系来建模遗传变异影响染色质从而影响基因表达的因果关系链,以更好地识别影响基因表达的因果变异和染色质标记。但本章模型并未考虑上位关联关系,原因是上位关联关系主要通过 SNP 位置关系或连锁不平衡分析进行建立,例如多个 SNP 位点处于同一个基因段中,则认为这些 SNP 间有关联关系,而且有很多上位关联关系通过基因间的关联关系进行反映,此类关系在 eQTL 数据和基因关联关系(如 PPI 网络)中都已有相关体现。再者,人们关注的 SNP 数据有几十万甚至上百万个,若在此网络中增加 SNP 关联关系,形成的 SNP 关系矩阵不但过大,且相对于 SNP 数据特征量,其关联关系过于稀疏。综合以上原因,模型建立过程中并未加入 SNP 层内关联关系。

图 6-1 中,第二层为基因表达层,简称基因层。基因层层内关系使用 PPI 网络进行映射,SNP 与基因的层间关联关系通过 eQTL 数据体现,通过此类数据可构建上两层双层网络(SNP 层与基因层),如图 6-1(b)中上半部分所示。此类网络可利用双层网络算法进行分析(详见 6.2.3 双层网络算法章节),由此生成 SNP 与基因的关系矩阵,如图 6-1(c)中上半部分所示。

图 6-1 中,第三层为表型层。人类表型本体论(human phenotype ontology,HPO)中提供了表型之间的关系,同时还包含与该表型相关的基因关联数据,此类数据也可以在其他多个公开数据库中下载。有了层内及层间关联关系数据,类似上两层双层网络的构建过程,同样可以利用双层网络算法求解得到基因与表型的关联矩阵。

对于表型网络,可以关注网络中的某一具体表型,针对所关注的表型建立表型相关网络进行辅助分析,得到该表型的关系通路,也可以将整个表型进行聚类,针对某一聚类簇所形成的表型网络进行分析。在本章算法实现过程中,首先对表型整体网络进行聚类(处于同一个聚类中的表型被认为更有可能具有相关性),进而针对此聚类中的表型进行具体分析,具体方法为使用 k-means(k 均值)++聚类算法(详见 6.2.2 k-means聚类算法章节)找出关联紧密的表型。

为了更加清楚地理解算法的实现过程,本章对 k-means 算法、双层网络算法进行详细介绍。

6.2.2　k-means 聚类算法

由于疾病种类众多,在三层网络中所产生的关联关系呈指数增加趋势,处理如此庞大的数据量会影响算法的效率和精度,因此本章通过聚类算法来简化网络,将具有更强相关性的疾病性状共同进行分析研究。具体在实现过程中,首先对数据进行筛选,使用聚类算法对整个表型网络进行聚类,生成不同的疾病集或性状簇,并筛选出关注的疾病集或性状簇。其次,结合三层网络,通过关注的疾病集或性状簇逐层筛选相关基因及 SNP 以进行通路研究。通过对层次聚类[156]、FCM(fuzzy c-means,模糊 c 均值)[157]、SOM(self-organizing map,自组织映射)[158]、k-means[159]等多个聚类方法进行比较发现,k-means 聚类算法简单方便易于实现,更重要的是 k-means 聚类算法比起其他聚类算法更善于处理庞大的数据集合;k-means 聚类算法的算法运算时间与其数据量呈线性关系;

k-means聚类算法使簇内具有较高的相似度,而簇间的相似度较低,而且聚错样本少,平均准确率高。最终,本章采用k-means聚类算法对疾病关联网络的节点进行聚类[54]。

k-means 聚类算法可以描述为:设包含 n 个样本的样本集 $X = \{x_1, \cdots, x_n\}$,将其分为 k 个类别,记为 $C = \{c_1, \cdots, c_k\}$,其中这 k 个类别的聚类中心设为 $A = \{a_1, \cdots, a_k\}$。

第一步,在 n 个样本中随机选择 k 个作为初始化聚类中心点,并计算数据中每个点到 k 个聚类中心点的距离 d,表示为

$$d(x_i, x_j) = \sqrt{(x_i - x_j)^{\mathrm{T}}(x_i - x_j)} \qquad (6-1)$$

第二步,将每个样本点进行归类,归类原则为将样本点归属到离它最近的聚类中心点所在的类别。

第三步,根据分成的 k 个类别重新选择聚类中心点,新的聚类中心点选择公式为

$$A_j = \frac{1}{N_j} \sum_{x \in c_j} x \qquad (6-2)$$

其中,N_j 表示类别 c_j 中的样本个数。

第四步,检查是否达到终止条件,如果达到则停止运算,如果没有达到终止条件则重复第二步和第三步,直到达到终止条件为止。

终止条件可以是以下任何一个:

(1)聚类中的对象保持不变或保持在被允许的范围内;

(2)迭代次数达到预设的最大次数;

(3)误差平方和局部最小,计算误差平方和的公式为

$$E = \sum_{j=1}^{k} \sum_{i=1}^{n} d(x_i, A_j) \qquad (6-3)$$

经过 k-means 聚类算法处理后的数据被分为几种类别,只需要选择其中某一类数据进行分析即可,以此达到数据简化、网络相关性更强的目的。由于本章中得到的疾病数据主要是疾病间的关联

数据,所以在使用聚类算法时,本章采用的算法是 k-means 聚类算法的增强型——k-means++聚类算法。与 k-means 聚类算法相比,k-means++聚类算法唯一的不同之处在于在选择聚类中心时,主要依靠的是样本点之间的距离关系,其原理与 k-means 聚类算法相同。

6.2.3　双层网络算法

双层网络算法已很常见,根据预测方法的不同可将其分为使用图论算法的方法,如随机游动、网络传播和路径搜索;使用机器学习的方法,如深度学习;整合图论和机器学习技术的方法。根据节点和边的类型可将其分为:同构、异构和复合网络算法。一个同构的网络由一个单一类型的节点和边组成,可以表示为 $G=(V,E)$,其中 V 是一组节点,E 是一组边,一个典型的例子是,以蛋白质为节点、以蛋白质关联关系为边构建 PPI 网络;异构网络是通过集成两个或多个同构网络并将它们连接在一起创建的,例如,在一个基因-疾病异质网络 $G=(V,E)$ 中,V 由疾病和基因两组不同的节点构成,E 由三组不同的边构成,即由疾病关联关系、基因关联关系和疾病基因关联关系构成[151]。由于本章研究的目标是通过关联关系数据发现 SNP-基因-表型通路关系,所以定义了三层网络结构进行研究,并将三层网络再分为两个双层网络进行逐步分析。每一层层内关系为同构网络,层间关系为异构网络。

根据对各双层网络算法的分析,本章挑选了 PBMDA(path-based miRNA disease association,基于路径的微 RNA 疾病关联)、CIPHER、RWR(random walk with restart,带重启的随机游走)三种有代表性的双层网络分析算法进行分析。PBMDA 算法主要运用了网络传播技术进行分析,CIPHER 算法主要运用线性回归来分析,RWR 算法主要运用随机游走进行分析,各算法详细介绍如下。

1. PBMDA 算法

基于路径的双层网络算法 PBMDA 是由 You 等人[160]提出的用来预测 miRNA 和疾病关系的算法。

miRNA-疾病双层网络中任意一个 miRNA(m)与任意一个疾病(d)之间都存在多条路径关系,这些路径由疾病关联网络、miRNA 关联网络等层内网络和 miRNA-疾病层间网络构成。层内网络既有关联关系,又有关联权重,而层间网络仅存在关联关系(有关联为 1,无关联为 0),模型示意图如图 6-2 所示。

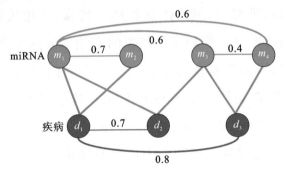

图 6-2 表型和 miRNA 路径关系图

由于任意 m 与 d 均可能存在多条路径,因此可假设 P 为某一连接 m 与 d 的路径的集合,则 $P = \{p_1, p_2, \cdots, p_n\}$。其中 p_i 表示组成路径的各边的权重($0 < p_i \leqslant 1$),则 P 转化为关系值 P_s 可以表示如下:

$$P_s = (\prod_{i=1}^{n} p_i) F_{\text{decay}}(P) \qquad (6-4)$$

指数 $F_{\text{decay}}(P)$ 是一个衰减因子,其表示如下:

$$F_{\text{decay}}(P) = \alpha \times l(P) \qquad (6-5)$$

其中,参数 α 为衰减系数,根据文献[161]设为 2.26;$l(P)$ 表示 P 路径的长度。由此可见路径越长,衰减因子越大,m 和 d 之间的联系越疏远。由文献[160]可知,当路径长度大于 3 时,由于所求数值过小,考虑其意义不大,所以本章后续算法实现过程中,$l(P)$ 设置为小于等于 3。P_s 表示一条路径对于 miRNA -疾病关系的影响,对于所有的路径,miRNA -疾病关系的分值 score(m,d) 可以表示为

$$score(m,d) = \sum_{i=1}^{n} P_{si} \qquad (6-6)$$

其中,P_{si} 表示所有路径中第 i 条路径的 P_s 值。score(m,d) 的值越大,m 和 d 之间的相关性就越大。以图 6 - 2 为例,miRNAm_1 与疾病 d_2 之间存在多条路径,如 $m_1 \rightarrow d_2$、$m_1 \rightarrow d_1 \rightarrow d_2$、$m_1 \rightarrow m_3 \rightarrow d_2$、$m_1 \rightarrow m_4 \rightarrow m_3 \rightarrow d_2$、$m_1 \rightarrow m_2 \rightarrow d_1 \rightarrow d_2$,其余路径长度大于 3 不予考虑,如 $m_1 \rightarrow m_4 \rightarrow d_3 \rightarrow m_3 \rightarrow d_2$。因此,根据公式(6-4),其得分 score 值计算如下:

$$score(m_1,d_2) = 1.0^{2.26\times1} + (1.0 \times 0.7)^{2.26\times2} + (0.6 \times 1.0)^{2.26\times2} +$$
$$(0.6 \times 0.4 \times 1)^{2.26\times3} + (0.7 \times 1 \times 0.7)^{2.26\times3}$$
$$\approx 1 + 0.1995 + 0.0994 + 0.00006 + 0.0079$$
$$= 1.30686$$

此双层网络算法可以扩展至本节的三层网络中进行应用,如求取 SNP -基因关系得分或基因-表型关系得分。

2. CIPHER 算法

双层网络线性回归算法(CIPHER)是由 Wu 等人[152]提出的,即通过对整个表型网络和蛋白质网络进行分析计算,得到表型相似性和疾病基因的功能遗传关系之间的关系值,用以预测和疾病相关的致病基因。CIPHER 算法同样基于功能相近的基因导致的表型具有相似性的假设,并在算法中采用回归模型融入该假设,最后利用皮尔逊相关系数所得分数来评估一个基因与特定表型关联关系的可能性。

为了建立此回归模型,层内需要表型之间的量化相似性和基因蛋白质之间的量化相互作用,层间需要已知疾病基因-表型关联的完整列表,具体数据来源详见 6.3 数据来源及预处理章节。

CIPHER 算法的思路如下。首先,将人类表型网络、蛋白质网络和

基因-表型关联关系组合为一个完整的网络。然后，对一个特定的表型 p 和基因 g 进行求解，具体求解过程分三步：①求出表型 p 在表型层中与其他表型的关系向量；②通过双层网络计算基因 g 与其他表型的关系向量；③计算两个向量的线性相关性，作为表型 p 与基因 g 之间的关联得分，具体如图 6-3 所示。

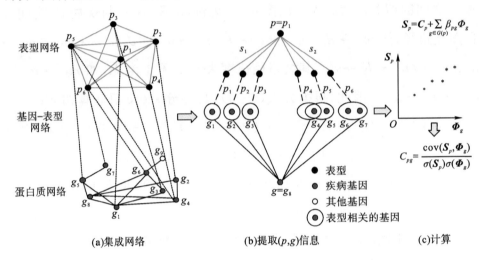

图 6-3　基因-表型双层网络回归流程图

表型之间的相似性向量的分量可定义为

$$S_{pp'} = C_p + \sum_{g \in G(p)} \sum_{g' \in G(p')} \beta_{pg} \mathrm{e}^{-L_{gg'}^2} \qquad (6-8)$$

其中，$S_{pp'}$ 是表型 p 和 p' 之间的相似度值；$L_{gg'}$ 是 PPI 网络中基因 g 和 g' 的拓扑距离，实验中使用的是最短路径距离；集合 $G(p)$ 是和表型 p 相关的基因集合；集合 $G(p')$ 是和表型 p' 相关的基因集合；$|C_p|$ 是一个常量，可以理解为若 $G(p')$ 中的基因和 $G(p)$ 中的基因在蛋白质网络中没有交互关系，则 $S_{pp'}$ 的关系值为 $|C_p|$；β_{pg} 是整个回归模型的系数，β_{pg} 表示的是基因 g 在表型 p 和 p' 在相似度计算中所做的贡献。由公式（6-8）可以看出，在这个回归模型中，表型之间的相似度可以通过与表型相关的基因在 PPI 网络中的紧密关系来反映，即将表型之间的相似度转

化为和表型相关的基因在 PPI 网络中的交互关系。同样地,为了量化表型和基因之间的关联,可以将基因 g 与表型 p' 的相似度定义为与表型 p' 相关的所有基因与基因 g 的相关度的总和,即

$$\Phi_{gp'} = \sum_{g' \in G(p')} e^{-L_{gg'}^2} \qquad (6-9)$$

其中,$\Phi_{gp'}$ 表示的是基因 g 和表型 p' 之间的关系值,其他变量所代表的含义和公式(6-8)中的相同。将公式(6-9)代入公式(6-8)中,可以表示为

$$S_{pp'} = |\, \boldsymbol{C}_p \,| + \sum_{g \in G(p)} \beta_{pg} \Phi_{gp'} \qquad (6-10)$$

假设表型关联网络中与基因 g 和表型 p 相关的表型有 n 个,从表型关联网络中可获取表型 p 和其他所有表型之间的关系向量 $\boldsymbol{S}_p = (S_{pp_1}, S_{pp_2}, \cdots, S_{pp_n})$;同理,利用公式(6-9)可以计算基因 g 与所有表型之间的关系向量 $\boldsymbol{\Phi}_g = (\Phi_{gp_1}, \Phi_{gp_2}, \cdots, \Phi_{gp_n})$。由此,可以将公式(6-10)扩展为如下形式:

$$\boldsymbol{S}_p = \boldsymbol{C}_p + \sum_{g \in G(p)} \beta_{pg} \boldsymbol{\Phi}_g \qquad (6-11)$$

在公式(6-11)的线性回归模型中,利用皮尔逊相关系数可计算表型 p 和基因 g 之间的关系值,计算公式定义如下:

$$C_{pg} = \frac{\mathrm{cov}(\boldsymbol{S}_p, \boldsymbol{\Phi}_g)}{\sigma(\boldsymbol{S}_p)\sigma(\boldsymbol{\Phi}_g)} \qquad (6-12)$$

其中,$\mathrm{cov}(\boldsymbol{S}_p, \boldsymbol{\Phi}_g)$ 表示 $\boldsymbol{S}_p$ 和 $\boldsymbol{\Phi}_g$ 之间的协方差;$\sigma(\boldsymbol{S}_p)$ 表示向量 $\boldsymbol{S}_p$ 的标准差;$\sigma(\boldsymbol{\Phi}_g)$ 表示向量 $\boldsymbol{\Phi}_g$ 的标准差。相关系数 C_{pg} 反映的是基因网络中基因 g 与表型网络中表型 p 之间的关联度,C_{pg} 的值越大,则表示基因 g 与表型 p 之间的关系越紧密。

3. RWR 算法

RWR 算法是在随机游走算法的基础上进行改进而产生的,最早应用于图像分割问题中,现已在多种生物双层网络中成功运用[162]。Kohler 等人[163]利用距离度量和随机游走分析方法定义蛋白质相互作

用网络的相似性。Li 等人[164]利用公共数据库中表型、基因相关信息值及网络关联关系建立了基因-表型网络,并将带重启的随机游走算法应用于该网络中,通过对所得到的基因-表型关联关系权重进行排序来评估发现基因-表型关系的能力,结果表明,使用该算法所揭示的隐藏疾病关联是基因或表型等单独网络无法发现的。Chen 等人[165]通过在 miR-NA－miRNA 功能相似性网络上实现随机游走来推断潜在的 miRNA－疾病相互作用,开发了 miRNA－疾病关联重启随机游走(RWRMDA)分析方法。

RWR 算法可用公式表示为

$$\boldsymbol{P}^{(t+1)} = (1 - \gamma)\boldsymbol{W}\boldsymbol{P}^t + \gamma\boldsymbol{P}^0 \tag{6-13}$$

其中,$\gamma \in (0,1)$ 为重启概率,表示每一步随机游走时可以返回到种子节点的概率;$\boldsymbol{P}^0$ 为初始概率向量,此处种子节点所在位置为 1,其余为 0;$\boldsymbol{P}^t$ 代表 t 时刻随机游走的概率向量。此外,假设双层网络为基因层与表型层构建的异构网络,则 $\boldsymbol{W} = \begin{bmatrix} \boldsymbol{W}_\mathrm{G} & \boldsymbol{W}_\mathrm{GP} \\ \boldsymbol{W}_\mathrm{PG} & \boldsymbol{W}_\mathrm{P} \end{bmatrix}$ 表示此双层网络的转移矩阵,其中,$\boldsymbol{W}_\mathrm{G}$ 和 $\boldsymbol{W}_\mathrm{P}$ 分别表示基因层和表型层的层内转移矩阵;$\boldsymbol{W}_\mathrm{PG}$ 和 $\boldsymbol{W}_\mathrm{GP}$ 分别为基因层与表型层的层间转移矩阵,$\boldsymbol{W}_\mathrm{PG}$ 是 $\boldsymbol{W}_\mathrm{GP}$ 的转置矩阵。在求解 $\boldsymbol{W}_\mathrm{PG}$ 的过程中,层间网络关联关系分为有关联与无关联两种情况,属于二分网络。如在 $\boldsymbol{W}_\mathrm{PG}$ 矩阵中,基因与表型存在关联关系,则值为 1,否则为 0。将 $\boldsymbol{W}_\mathrm{PG}$ 矩阵进行标准化,公式如下:

$$\boldsymbol{W}_\mathrm{PG} = \begin{cases} \dfrac{w_{ij}}{\sum\limits_{j} w_{ij}}, & \sum\limits_{j} w_{ij} \neq 0 \\ 0, & \text{其他} \end{cases} \tag{6-14}$$

同理,

$$\boldsymbol{W}_\mathrm{GP} = \begin{cases} \dfrac{w_{ij}}{\sum\limits_{i} w_{ij}}, & \sum\limits_{i} w_{ij} \neq 0 \\ 0, & \text{其他} \end{cases} \tag{6-15}$$

其中，w_{ij} 代表邻接矩阵中第 i 行、第 j 列元素。从公式(6－14)、(6－15)中可以看出，在使用 RWR 算法时，层间网络中的当前节点会分配给所有邻接节点相同的权重，即每个邻接节点的转移概率是相同的，这与实际不符。在实际情况中，基因层中的基因与不同的相关表型有不同程度的关联关系，同样，表型层中的表型与不同的相关基因也应该有不同程度的关联关系。因此，应该区别考虑不同节点在随机游走中的转移概率。

6.2.4　算法实现

为了充分了解 SNP－基因－表型通路关系，本章利用三层网络架构求解通路关系，并将其分为两个双层网络分别进行求解。由于双层网络中层间关联关系存在差异性，而原有随机游走算法并未考虑此情况，因此，本章考虑利用 PBMDA 算法或 CIPHER 算法预测双层网络的层间关系值，以此体现层间关系的差异性，并将其作为随机游走的初始值，再使用带权重的随机游走来完善算法。

在三层网络构建过程中，上两层(SNP 层与基因层)仅包含基因层的层内关系和 SNP 层与基因层的层间关系(详见 6.2.1 三层网络构建章节)，而 CIPHER 算法需要知道 SNP 层的层内关系才能完成双层网络的层间权重求解，故上两层仅选择 PBMDA 算法求解其层间关系值，并以此作为随机游走的边权重初始值进行关联分析，而下两层可以有多种选择，可以用 PBMDA 算法＋RWR 算法的方式求解，也可以用 CIPHER算法＋RWR 算法的方式求解。

考虑到基因对 SNP 和表型的影响作用可能不一致，所以在建立关联关系时，应增加超参 β。例如，两个双层网络层间权重求解后，假如 SNP_1 与基因$_1$ 的关系权重为 m，基因$_1$ 与表型$_1$ 的关系权重为 n，则认为 SNP_1 与表型$_1$ 的关系权重为 $m+\beta n$，并以此作为路径得分(PS)，其中超参 β 可以通过枚举测试获得，由此建立横坐标为 SNP 与表型关联关系，纵坐标为基因的通路关系矩阵,而 SNP 与表型关联关系可以在 Phe-noScanner、DisGeNET 等公开数据库中进行查找确认(在数据库中有关联关系的定义为 1,无关系的定义为 0),如图 6－1(d)所示。〗后续计算已将生物机理研究通过建模转化为数学问题,只需对图 6－1(d)中的矩阵采用逻辑回归方法进行二分类即可,为了保证正负均衡,我们取相同的正负样本量,同时采用 K 折交叉验证(k－folder cross－validation)方法来避免过拟合。在求解的过程中,可以通过分类算法筛选出关键基因,并根据关键基因建立 SNP－基因－表型的通路关系,以方便更深入了解疾病机理。

6.3　数据来源及预处理

从上述算法介绍中可知,要验证该算法的有效性,需包含以下几种关系数据:SNP 与基因关联关系数据、基因与基因关联关系数据、基因与表型关联关系数据、表型与表型关联关系数据及 SNP－基因－表型关联关系数据。此处的表型主要通过疾病表型数据来反映。

SNP 与基因关联关系数据来源于 BioMart(生物集市)网站[166],该网站提供对 30 个科学组织支持的众多数据库项目的访问,包括超过 800 个不同的生物数据集,涵盖基因组学、蛋白质组学、模型生物、癌症数据、本体信息等。该网站同时为数据分析和可视化工具提供了更好的支持和可扩展性。利用 R 语言 biomaRt 包连接 hsapiens_snp 子库和 hsapiens_gene_ensembl 子库进行数据匹配和命名转换,且仅取最小等位基因频率大于 0.05 的 SNP 数据,最终经过处理后的 SNP 与基因关联关系数据为 383668 条。

基因与基因关联关系数据通过 PPI 网络数据映射得到。PPI 网络数据来源于 HPRD 数据库,该数据库不仅包含蛋白质之间的关联信息,而且包含关联关系的具体权重,共计 402815 条记录。

基因与表型关联关系数据来源于 DisGeNET 数据库[167]。DisGeNET 是包含人类疾病与相关基因数据的最大的数据库之一。本章使用的数据版本号为 DisGeNET（v7.0），其中包含了 21671 个基因和 30170 种疾病或异常表型性状，以及它们之间的 1134942 个关联关系。在得到的数据中包含多个列，如 geneSymbol（基因名）、diseaseName（疾病名）等。

表型与表型关联关系数据据文献[58]记录，共包含 383 个疾病种数。

SNP -基因-表型数据来源于 PheGenI 数据库[168]，用于最后的数据验证。将本章算法得到的通路关系与该数据库中通路关系进行对比分析，可以此说明算法的准确性。在算法实现过程中，可以利用验证集对基因层网络和表型层网络进行特征筛选，减少每层网络的节点数。

6.4　实验结果分析

6.4.1　预测结果分析

本章主要采用关联关系数据来分析基因型与表型通路关系，若仅分析基因型与表型构建的双层网络，则无法得到通路信息，所以在结果的对比实验中，所有模型均基于 SNP -基因-表型三层网络架构进行比较。

在对比实验中，首先要对比上两层采用 PBMDA＋RWR 算法的方式、下两层采用 PBMDA＋RWR 算法的方式（该方法记作 PPRWR）和上两层采用 PBMDA＋ RWR 算法的方式、下两层采用 CIPHER＋ RWR 算法的方式（该方法记作 PCRWR）的实验结果，具体说明详见 6.2.4算法实现章节。为了验证方法的有效性，还增加了仅使用带重启的随机游走算法（该方法记作 RWR），上下两层均采用 PBMDA 算法而未使用随机游走算法的方式(该方法记作 PBMDA＋PBMDA)和上两层采用 PBMDA 算法、下两层采用 CIPHER 算法,而未使用随机游走算法的方式(该方法记作 PBMDA＋CIPHER)的对比实验。

此种二分类问题大多采用交叉验证的方法进行评估。本章中主要采用 k 折交叉验证(k-folder cross-validation)方法,通过真正率(TP)和假正率(FP)指标的求解,画出 ROC 曲线并计算曲线下的 AUC 值来对算法进行评估。在算法中存在多个参数需要确定,如疾病网络中疾病的种类,两个双层网络之间的权重分配 β 及重启概率 γ ,具体参数取值分析见 6.4.2 参数分析章节,在图 6-4 用 ROC 曲线比较各算法性能中,我们采用的是各参数中的最优值进行分析,其中疾病种类数为 112 个,权重分配 β 为 0.7,重启概率 γ 为 0.7。

由图 6-4 中的 ROC 曲线结果分析可知,PCRWR、PPRWR 和 RWR 算法 AUC 值高于 PBMDA＋PBMDA 算法和 PBMDA＋CIPHER 算法,即含有带重启随机游走的算法性能普遍高于未含有该算法的性能,说明在该三层网络分析中使用重启随机游走算法效果更好。另外无论初始权重是由 PBMDA 算法计算产生还是由 CIPHER 算法计算产生,PCRWR 和 PPRWR 两个带有权重的随机游走算法结果均优于 RWR 这个未带有权重的随机游走算法,但整体来讲,CIPHER 算法计算出来的权重使整个算法的效果更优。为了证明 PCRWR 算法的优越性及鲁棒性,我们对各算法进行 10 次 ROC 曲线的 AUC 值求解,结果如表 6-1 所示。PBMDA＋PBMDA 算法 AUC 值为 0.675 ± 0.026 ,PBMDA＋CIPHER 算法 AUC 值为 0.731 ± 0.021 ,RWR 算法 AUC 值为 0.802 ± 0.030 ,PPRWR 算法 AUC 值为 0.848 ± 0.016 ,PCRWR 算法 AUC 值为 0.874 ± 0.012 。可以发现 PCRWR 算法在算法性能和稳定性方面均表现得最佳。

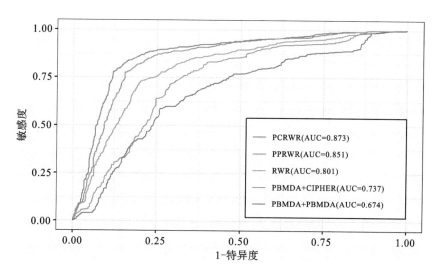

图 6-4　用 ROC 曲线比较各算法性能

表 6-1　各方法 ROC 曲线的 AUC 值 10 次统计结果

次数	PBMDA+PBMDA	PBMDA+CIPHER	RWR	PPRWR	PCRWR
1	0.674	0.737	0.801	0.851	0.873
2	0.655	0.716	0.763	0.838	0.892
3	0.716	0.701	0.851	0.847	0.859
4	0.675	0.718	0.777	0.858	0.890
5	0.638	0.733	0.811	0.830	0.875
6	0.641	0.756	0.843	0.823	0.877
7	0.702	0.750	0.786	0.882	0.858
8	0.698	0.713	0.769	0.855	0.883
9	0.667	0.721	0.791	0.842	0.860
10	0.679	0.767	0.825	0.854	0.876
均值	0.675	0.731	0.802	0.848	0.874

6.4.2 参数分析

在整个算法中有三个超参需要确定：疾病的种类、两个双层网络之间的权重分配 β 及重启概率 γ。

首先疾病的种类直接影响疾病相关网络的复杂度，进而影响整个三层网络结构，因此，我们通过 k-means++ 聚类来控制疾病的种类，以此验证疾病的种类对算法的影响。在疾病原有数据中，共 383 个疾病种数，通过对数据预处理，疾病种数最终为 201 个。在 k-means++ 聚类时，我们将聚类个数设置为 2 个和 3 个，分别会产生疾病种数为 38、69、112、168 等多个疾病集合，用这些疾病种数对算法性能进行测试，结果如图 6-5 所示。随着疾病种数的变化，算法的性能也有所变化。当疾病种数逐渐变大时，算法的性能有所提高，但当疾病种数大于一定数量时，其性能反而有开始下降的趋势，说明疾病种数对算法有一定的影响，而影响的大小与具体疾病种数有关。当疾病种数较小时，会由于其不能完整地反映通路关系而造成算法性能较差，但当疾病种数达到一定程度，甚至过多时，会产生部分关联不够紧密的疾病，从而影响算法性能。

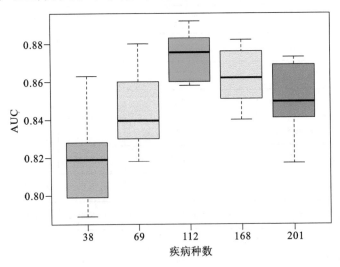

图 6-5 疾病种数对算法性能的影响统计图

两个双层网络之间的权重分配 β 可以控制两个双层网络对结果的影响比例,理论上,其取值范围应为(0,1),但在实验中为了方便计算,我们将其取值锁定在区间[0.1,0.9]内,并以 0.1 的增率进行枚举尝试,最终发现当 $\beta = 0.7$ 时,结果最好,即基因与疾病双层网络对结果的影响比例更大。

同权重分配参数 β 一样,重启概率 γ 的取值范围也设定在区间[0.1,0.9]内。通过实验发现,其递增间隔设定为 0.2 时更易进行区分对比。如表 6 - 2 所示,随着 γ 的不断递增,其算法性能也有所提升,但当 γ 大于 0.7 时,性能有开始下降的趋势,故本实验中,γ 值设定为 0.7。

表 6 - 2　重启概率 γ 对 PCRWR 算法的影响分析

指标	$\gamma = 0.1$	$\gamma = 0.3$	$\gamma = 0.5$	$\gamma = 0.7$	$\gamma = 0.9$
AUC	0.848±0.027	0.869±0.029	0.872±0.021	0.874±0.018	0.864±0.025

6.4.3　通路分析

通过三层网络分析,可以更加清楚地了解基因型与表型的通路关系。用 PCRWR 算法可以得到每条通路的权重得分,即路径评分 PS 值,如图6 - 1所示,得分的大小可以直接反映该通路的准确程度。

根据 PS 值对生成的通路进行排序,排序越靠前,则认为该通路所反映的关联关系对疾病影响的可能性越大。本章将前 20 条通路在已有文献中进行查找匹配,如表 6 - 3 所示,表中最后一列为对应文献 PMID 码(PubMed 医学数据库唯一标识码)。通过比对发现,排序所得到的前 10 条通路中,有 8 条通路中的 SNP 或基因在已有文献中得到了验证;排序所得到的前 20 条通路中,有 15 条通路中的 SNP 或基因在已有文献中得到了验证。说明通过本章算法可以找到相关 SNP -基因-表型通路关系。未找到匹配文献的通路可以作为后续研究的参考通路进行分析。

表 6-3　根据 PCRWR 方法预测的 PS 值排序的前 20 条通路信息

序号	SNP	基因	表型	对应文献 PMID 码
1	rs3135388	HLA-DRA	多发性硬化症	19525953
2	rs2066847	NOD2	克罗恩病	23128233
3	rs1047781	FUT2	肿瘤	23300138
4	rs4148325	GCKR	肿瘤	未找到
5	rs1270942	CFB	全身性红斑狼疮	26502338
6	rs11209026	IL23R	炎症性肠病	23128233
7	rs7517847	IL23R	克罗恩病	26192919
8	rs12203592	IRF4	基底细胞癌	27539887
9	rs11889341	NCF2	炎症性肠病	未找到
10	rs11889341	STAT4	全身性红斑狼疮	26502338
11	rs12203592	IRF4	皮肤肿瘤	27424798
12	rs11581607	IL23R	炎症性肠病	28067908
13	rs10488631	TNPO3	全身性红斑狼疮	26502338
14	rs964184	ZPR1	心房颤动	27790247
15	rs12601991	HNF1B	肺部肿瘤	未找到
16	rs13407913	IL18R1	炎症性肠病	未找到
17	rs1150757	TNXB	全身性红斑狼疮	26502338
18	rs8176749	ABO	肿瘤	23300138
19	rs12193446	LAMA2	近视	27182965
20	rs2945412	CDC37	克罗恩病	未找到

6.5　本章小结

本章主要解决当临床数据难以获得时,利用关联关系数据分析多组学通路关系的问题,主要创新点在于利用易获得的公共数据库中的关联关系数据达到类似临床多组学数据分析的效果。同时,在分析的过程中融入了临床数据难以融入的表型关联关系。

为了更加清楚地了解 SNP-基因-表型间的通路关系,在数据需求方面,需要确定层内关联关系及其定量关系权重和层间关联关系及其定性关系权重。以这些数据为支撑,可建立三层异构网络。为了方便分析,本章算法将三层网络拆分为两个双层网络,分别进行层间权重的预测,并利用增加超参 β 的方法,将两个双层网络的权重进行结合,得到最终的权重得分,再结合各公共数据库中已经证实的关联关系,利用 k 折交叉验证法说明本章方法的准确性。

在双层网络求解层间关联权重中,无论是 PBMDA 算法、CIPHER算法还是 RWR 算法,主要思路都是将层内关联关系映射到层间关系中。针对拥有同样求解思路的方法,我们将其进行结合使用,即在原有等概率的随机游走算法中,使用 PBMDA 算法和 CIPHER 算法的结合算法,产生了随机游走的偏向权重,得到了准确率更高的 PCRWR 算法。结果表明,增加初始权重后,随机游走算法的 AUC 值提升了大约 7 个百分点。

本章中建立了一个三层异构网络,并结合了 PBMDA、CIPHER 和RWR 等多个双层网络关系算法进行求解,准确率得到了一定程度的提升。双层网络求解方法非常众多,如 PhenoRank 方法(优先考虑疾病基因的方法)[169]、IDLP(improved double label propagation 改进的双标签传播)方法[170]、HerGePred(表示一种疾病基因预测的异构网络嵌入)方法[171]等,这些方法或它们变种方法的结合均可应用于本章算法中,但本章中并未一一尝试比较。本章主要目的是提供一种新思路,即建立三层异构网络,并利用关联关系数据来预测基因型与表型通路关系。如何利用关联关系数据和结合表型层网络才是本章研究的重点所在。

本章中将三层异构网络拆分为两个双层网络进行求解,在两个双层网络求解过程中均利用了中间基因层,这无疑增加了基因层及内部关联关系对结果的影响比例,在后续方法的研究中应考虑如何减免中间层的重复利用问题。

第 7 章　总结与展望

7.1　总结

　　基因型是表型产生的因,表型是基因型形成的果,研究基因型与表型关联关系的目的是有效揭示人类遗传信息与个体性状之间的深层关系。在人类疾病相关表型方面,将基因型与表型进行关联可以了解致病原因,为合理预防、治疗疾病等积累理论依据;在重要的经济动植物方面,将其应用于一些复杂性状如品种等的研究中,可以预测动植物的适应性和生存力等,产生一定的经济效益。从这几个方面可以看出,研究基因型与表型关联关系有很强的实用价值。

　　起初,人们使用 GWAS 进行基因型与表型关联关系研究。在过去的十多年中,GWAS 确定了许多 SNP 与疾病或其他表型相关的遗传变异,这些发现识别了新型变异性状关联,丰富了多种临床应用。然而,目前发现的大多数变异只解释了一小部分因果遗传因素,而且单一的组学层面只能提供有限的生物学机制,相关位点的功能含义和机制在很大程度上还不清楚。

　　由于单一组学层面上的局限性,故需要通过融合其他组学数据更加准确地预测基因型与表型之间的生物关联关系。随着科技的不断发展,多组学数据相对容易获得。在单组学研究基础上,采用多组学方法可以更好地了解分子功能和疾病病因。

　　通过对多组学融合方法和多组学数据研究现状分析发现,基于多组学数据的基因型与表型关联分析中,主要存在以下问题:①在多组学融合分析中,大多数方法仅考虑组学间的关联关系,未考虑组学内部关联关系,如基因间的相互关系,不符合生物实际;②由于 SNP 的特征量巨大,多组学分析方法建立模型时样本量需求往往较大,影响了算法的鲁棒性及适应性,应解决小样本情况下,多组学方法的融合问题;③当样本量足够大时,组学类型往往数量不够,为了达到多组学分析的效果,应考虑融入其他关联数据;④临床数据由于涉及个人隐私及伦理要求,难以获得,需利用关联关系数据达到临床数据的分析效果。

针对以上问题,本书主要完成了以下工作。

(1)提出了基于组学内部关联关系的多组学融合分析方法。该方法的主要思路:引入通路及模体等基因关联信息,通过筛选各通路及模体中相关基因,形成基因表达数据向量组;使用 Isomap 算法对各向量组进行降维处理,通过对 Isomap 算法中 k 值的选择,使降维后的第 1 维数据能最大化地表达该通路及模体信息;最后使用 SNF、SNF – CC 算法对基因表达数据、甲基化数据、miRNA 表达数据及降维后的通路及模体数据在两个癌症数据集上进行整合运算。结果表明,融入通路及模体信息后,聚类效果在各个方法中都有不同程度的提升,说明融入组学内部关联关系能够更有效地进行疾病分析,更符合生物自身机制。

(2)提出了小样本情况下基于多组学数据的基因型与表型关联分析方法。该方法的主要思路:利用 PPI 网络和基因表达数据对基因进行聚类;采用分组最小角回归算法对基因聚类进行筛选;通过 eQTL 数据得到筛选后的基因簇所对应的 SNP 簇;将每个 SNP 簇及所对应的基因簇及表型组合为一个三层网络类块;对每个类块进行分析预测,并将各类块结果通过加权求平均的方式处理后得出最终预测结果。与其他相关方法在多个数据集中进行对比发现,本方法在各数据集中的表现都优于其他方法,解决了小样本下多组学数据无法有效融合的问题。

（3）提出了基于 eQTL 数据的图嵌入式深度神经网络（G-EDNN）模型方法。该方法的主要思路：在传统的 DNN 网络架构基础上，在输入层和第一个隐藏层之间增加了两个基因层，利用 eQTL 数据实现了输入层和第一个基因层的稀疏连接，防止了过拟合的发生。同时两个基因层之间通过 PPI 数据进行有效连接，实现了融入组学内部关联关系的目的，使模型更加贴近生物实际。通过与其他相关方法进行对比发现，该方法能实现高精度分类和易于解释的特征筛选。该方法解决了组学数据种类较少的问题，并利用融入先验关联关系数据达到了多组学分析的效果。

（4）提出了基于关联关系数据的基因型与表型关联分析方法。该方法的主要思路：在临床数据缺失的情况下，利用关联关系数据建立 SNP-基因-表型间的三层网络，在此三层网络中，既融入了组学内部关联关系，又融入了组学间关联关系；将三层网络分解为两个双层网络进行单独分析，两个双层网络的分析方法类似，逐个分析后进行合并；最后通过路径得分筛选出关键基因及相关通路。实验结果表明，利用关联关系数据能够进行关键基因选择及通路分析。该方法在临床数据难以获得的情况下，利用关联关系数据同样能够达到临床数据分析的效果。

综上所述，本书根据现有多组学数据融合中所出现的不足，针对性地研究了适用于不同类型数据（关联关系数据和临床数据），融入组学内部及组学间关联关系的多组学融合算法，并利用现有数据库验证了所得通路的准确性。

7.2　展望

本书主要基于多组学数据来研究基因型与表型关联关系，根据已知的不足，本书已进行了相关研究，未来将基于多组学数据进行以下几个方面的进一步研究。

（1）增加其他基因组学数据。在挖掘基因型与表型关联关系时，基因组学数据的选取主要集中在 SNP 数据中，但除此之外，基因组学还包括其他种类的数据，如拷贝数变异（CNV）数据、杂合性缺失数据和基因组重排数据等，有文献已经证明[8]，结合 SNP 数据与 CNV 数据可提高检测的准确率。随着检测技术的不断进步，CNV 数据的作用将更加突显，在接下来的研究中，我们将拟结合 SNP 数据与 CNV 数据，共同作为基因型数据进行研究。应采用何种方式结合两种数据，是此处要考虑的重点之一。同时，结合 CNV 数据，会使基因组学的整个数据维度变得非常大，本书现有特征筛选方法是否适应，也是今后利用特征筛选方法分析基因组学高维数据的重点。

（2）增加其他相关组学数据。本书在组学类型选取方面，临床数据仅对 SNP、基因、表型这三种组学数据类型进行研究探索，关联关系数据仅包含 PPI 数据、eQTL 数据、表型关联数据。以此为基础，可增加其他相关组学数据以深入挖掘基因型与表型关联关系，如甲基化数据。DNA 甲基化是调控基因表达的重要的手段之一，其可通过调节转录水平、调控可变剪切或影响染色体组构象，从而影响基因的表达，导致疾病的发生。

目前研究发现，特异性的 SNP 的改变也可以引起 DNA 甲基化的改变。如 Fan 等人[172]在文献中提到，28% 以上的 CpG 岛（CpG 二核苷酸）位点与邻近的 SNP 有关联。基于以上发现，很多研究深入探讨了 SNP 与 CpG 岛之间的关系，绘制出了甲基化数量性状位点（mQTL）图谱。因此，在考虑 SNP 对基因的影响时，可以在 SNP 层与基因层之间加入表观遗传组学层，以确定 SNP 如何通过甲基化影响基因的表达，最终影响表型[62,173-174]，流程图如图 7-1 左半部分所示。而现有的多级融合方法主要集中在分析三种组学之间的关联关系上，并无四层关系的建立，主要原因是多组学数据难以获得且在多级融合过程中，对特征进行筛选时，会多次使用阈值。由于阈值会进行随机调整以应对多个测试问题，因此可能会有大量的假阴性的 SNPs、eQTLs、mQTLs 被过滤掉。为避免此类问题,可结合 eQTL 和 mQTL 进行共定位分析,如图 7-1 右半部分所示。此方法同样可以得到通路关系,如某个位点既对基因表达有影响,又对甲基化水平有影响,那么该位点就很有可能通过调节特定区域的甲基化水平,影响基因表达,从而改变个体复杂性状。到底应选择何种通路进行分析,还要根据具体问题来确定。

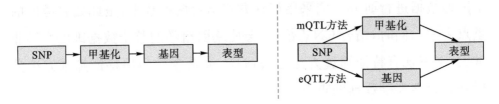

图 7-1 包含甲基化数据的基因型与表型关联分析流程图

(3)增加其他类型数据,如影像组学数据。前两点所增加的组学数据形式与本书所研究的组学数据形式相同,而影像组学数据与本书所研究的基因组学数据在形式与特点上都有很大差别,如影像组学数据可能为图片数据、视频数据等,具有实时性、低成本等特点,与本书所研究的组学数据进行融合,则会涉及多模态信息融合问题,而且此类数据的样本量或数据集往往过小。综上所述,可以探索小样本情况下,利用多模态数据融合方法实现影像组学数据和多组学数据的关联融合,以此辅助临床诊断。

从表面看,展望的每一点都是不同类别数据的融合,是数据的扩展,但数据量或数据形式的不同,可能会导致原有算法的不适应性,应设计与之相匹配的算法并进行更深入的研究。如引入的数据类型为关联关系数据,而原有算法数据为临床数据,则应考虑将临床数据与关联关系数据深度融合再进行分析。

参考文献

[1] BOTSTEIN D, WHITE R L, SKOLNICK M H, et al. Construction of a genetic linkage map in man using restriction fragment length polymorphisms [J],1980, 32(3): 314 – 331.

[2] VOS P, HOGERS R, BLEEKER M, et al. AFLP: a new technique for DNA fingerprinting[J]. Nucleic Acids Research,1995, 23 (21): 4407 – 4414.

[3] BODMER W F. Human genetics: the molecular challenge [J], Bioessays, 1987, 7 (1): 41 – 45.

[4] KRUGLYAK L. The use of a genetic map of biallelic markers in linkage studies[J]. Nature Genetics,1997, 17 (1): 21 – 24.

[5] ZHOU G, LI S, XIA J. Network – based approaches for multi – omics integration[J]. Methods Mol Biol,2020, 2104: 469 – 487.

[6] REEL P S, REEL S, PEARSON E, et al. Using machine learning approaches for multi – omics data analysis: a review [J]. Biotechnol Adv, 2021, 49: 107739.

[7] KORN J M, KURUVILLA F G, Mccarroll S A, et al. Integrated genotype calling and association analysis of SNPs, common copy number polymorphisms and rare CNVs[J]. Nat Genet,2008, 40 (10): 1253 – 1260.

[8] MOMTAZ R, GHANEM N M, EL – MAKKY N M, et al. Integrated analysis of SNP, CNV and gene expression data in genetic association studies[J]. Clin Genet,2018, 93 (3): 557 – 566.

[9] ZHAO S, JIANG H, LIANG Z H, et al. Integrating multi – omics data to : identify novel disease genes and single – neucleotide polymorphisms[J]. Front

Genet,2019, 10: 1336.

[10] SUN Y V, HU Y-J. Integrative analysis of multi-omics data for discovery and functional studies of complex human diseases[J]. Advances in Genetics,2016: 147-190.

[11] ZHAO T Y,ZANG Y, WANG Y D, et al. Integrate GWAS, eQTL, and mQTL data to identify Alzheimer's disease-related genes[J]. Frontiers in Genetics,2019, 10: 1021.

[12] ZHANG S, LIU C C, LI W, et al. Discovery of multi-dimensional modules by integrative analysis of cancer genomic data[J]. Nucleic Acids Research, 2012, 40 (19): 9379-9391.

[13] SHEN R, OlSHEN A B, Ladanyi M. Integrative clustering of multiple genomic data types using a joint latent variable model with application to breast and lung cancer subtype analysis[J]. Bioinformatics,2009, 25 (22): 2906-2912.

[14] BERSANELLI M, MOSCA E, REMONDINI D, et al. Methods for the integration of multi-omics data: mathematical aspects[J]. BMC Bioinformatics,2016, 17 (2): 15.

[15] LIN E, LANE H Y. Machine learning and systems genomics approaches for multi-omics data[J]. Biomark Research,2017, 5: 2.

[16] SHAN N, WANG Z, HOU L. Identification of trans-eQTLs using mediation analysis with multiple mediators[J]. BMC Bioinformatics, 2019, 20 (3): 126.

[17] DURIF G, MODOLO L, Michaelsson J, et al. High dimensional classification with combined adaptive sparse PLS and logistic regression[J]. Bioinformatics,2018, 34 (3): 485-493.

[18] CSALA A, VOORBRAAK F, ZWINDERMAN A H, et al. Sparse redundancy analysis of high-dimensional genetic and genomic data[J]. Bioinformatics,2017, 33 (20): 3228-3234.

[19] LEE S, KONG S, XING E P. A network-driven approach for genome-

wide association mapping[J]. Bioinformatics,2016, 32 (12): 164 – 173.

[20] GAMAZON E R, WHEELER H E, SHAH K P, et al. A gene – based association method for mapping traits using reference transcriptome data[J]. Nat Genet,2015, 47 (9): 1091 – 1098.

[21] LEE S, WANG H, XING E P. Backward genotype – transcript – phenotype association mapping[J]. Methods,2017, 129: 18 – 23.

[22] CURTIS R E, YIN J, KINNAIRD P, et al. Finding genome – transcriptome – phenome association with structured association mapping and visualization in genamap[C]. Biocomputing 2012,2011: 327 – 338.

[23] RITCHIE M D, HOLZINGER E R, LI R, et al. Methods of integrating data to uncover genotype – phenotype interactions[J]. Nat Rev Genet,2015, 16 (2): 85 – 97.

[24] WANG B, MEZLINI A M, DEMIR F, et al. Similarity network fusion for aggregating data types on a genomic scale[J]. Nature Methods, 2014, 11 (3): 333 – 337.

[25] FRIDLEY B L, LUND S, JENKINS G D, et al. A bayesian integrative genomic model for pathway analysis of complex traits[J]. Genet Epidemiol, 2012, 36 (4): 352 – 359.

[26] MANKOO P K, SHEN R, SCHULTZ N, et al. Time to recurrence and survival in serous ovarian tumors predicted from integrated genomic profiles [J]. PLoS One,2011, 6 (11): e24709.

[27] TORSHIZI A D, PETZOLD L R. Graph – based semi – supervised learning with genomic data integration using condition – responsive genes applied to phenotype classification[J]. Journal of the American Medical Informatics Association,2018, 25 (1): 99 – 108.

[28] KIM D, JOUNG J G, SOHN K A, et al. Knowledge boosting: a graph – based integration approach with multi – omics data and genomic knowledge for cancer clinical outcome prediction[J]. Journal of the American Medical Informatics Association,2015, 22 (1): 109 – 120.

[29] DRÄGHICI S, POTTER R B. Predicting HIV drug resistance with neural networks[J]. Bioinformatics,2003, 19 (1): 98 - 107.

[30] KIM D, LI R, DUDEK S M, et al. ATHENA: Identifying interactions between different levels of genomic data associated with cancer clinical outcomes using grammatical evolution neural network[J]. BioData Mining, 2013, 6 (1): 1 - 14.

[31] STALEY J R, BLACKSHAW J, KAMAT M A, et al. PhenoScanner: a database of human genotype - phenotype associations[J]. Bioinformatics, 2016, 32 (20): 3207 - 3209.

[32] LIBERZON A, SUBRAMANIAN A, PINCHBACK R, et al. Molecular signatures database (MSigDB) 3.0[J]. Bioinformatics,2011, 27 (12): 1739 - 1740.

[33] LONSDALE J, THOMAS J, SALVATORE M, et al. The genotype - tissue expression (GTEx) project[J]. Nature Genetics,2013, 45 (6): 580 - 585.

[34] GIOUTLAKIS A, KLAPA M I, MOSCHONAS N K J P O. PICKLE 2.0: a human protein - protein interaction meta - database employing data integration via genetic information ontology[J],2017, 12 (10).

[35] CHANG, KYLE, CREIGHTO, et al. The cancer genome atlas pan - cancer analysis project[J]. Nat Genet,2013, 45 (10): 1113 - 1120.

[36] EDGAR R D M, LASH A. Gene expression omnibus: NCBI gene expression and hybridization array data repository[J]. Nucleic Acids Research. ,2002, 30: 207 - 210.

[37] BAKER M. Big biology: The'omes puzzle[J]. Nature,2013, 494 (7438): 416 - 419.

[38] GREEN E D, WATSON J D, COLLINS F S. Human genome project: twenty - five years of big biology[J]. Nature,2015, 526 (7571): 29 - 31.

[39] HOULE D, GOVINDARAJU D R, OMHOLT S. Phenomics: the next challenge[J]. Nature Reviews Genetics,2010, 11 (12): 855 - 866.

[40] 童丹阳. 基于多组学数据和临床所见的结肠癌预后分析方法研究[D]. 杭州: 浙江大学,2021:12 - 26.

[41] WANG Z, JENSEN M A, ZENKLUSEN J C. A practical guide to the cancer genome atlas (TCGA)[J]. Methods Mol Biol,2016, 1418: 111－141.

[42] TOMCZAK K, CZERWIńSKA P, WIZNEROWICZ M. The cancer genome atlas (TCGA): an immeasurable source of knowledge[J]. Contemp Oncol (Pozn),2015, 19 (1A): A68－A77.

[43] O'LEARY N A, WRIGHT M W, BRISTER J R, et al. Reference sequence (RefSeq) database at NCBI: current status, taxonomic expansion, and functional annotation[J]. Nucleic Acids Research,2016, 44 (D1): D733－D745.

[44] ARITA M, KARSCH－MIZRACHI I, COCHRANE G. The international nucleotide sequence database collaboration [J]. Nucleic Acids Research, 2021, 49 (D1): D121－D124.

[45] BREITKREUTZ B J, STARK C, REGULY T, et al. The BioGRID interaction database: 2008 update[J]. Nucleic Acids Research,2008, 36: D637－D640.

[46] SZKLARCZYK D, KIRSCH R, KOUTROULI M, et al. The string database in 2023: protein－protein association networks and functional enrichment analyses for any sequenced genome of interes[J]t. Nucleic Acids Research, 2023,51(D1):D638－D646.

[47] THE UNIPROT C. UniProt: a worldwide hub of protein knowledge[J]. Nucleic Acids Research,2019, 47 (D1): D506－D515.

[48] APWEILER R, BAIROCH A, WU C H, et al. UniProt: the universal protein knowledgebase[J]. Nucleic Acids Research,2004, 32 (suppl 1): D115－D119.

[49] BARKER W C, GEORGE D G, MEWES H W, et al. The PIR－international protein sequence database[J]. Nucleic Acids Research, 1992,20 (suppl): 2023－2026.

[50] SIDMAN K E, GEORGE D G, BARKER W C, et al. The protein identification resource (PIR)[J]. Nucleic Acids Research,1988, 16 (5): 1869－1871.

[51] ALANIS－LOBATO G, ANDRADE－NAVARRO M A, Schaefer M H. HIPPIE v2.0: enhancing meaningfulness and reliability of protein－protein

interaction networks［J］. Nucleic Acids Research，2017，45（D1）：D408 –D414.

［52］ MATHIVANAN S，AHMED M，AHN N G，et al. Human proteinpedia enables sharing of human protein data［J］. Nature Biotechnology，2008，26（2）：164 – 167.

［53］ PRASAD T S K，GOEL R，KANDASAMY R K，et al. Human protein reference database – 2009 update［J］. Nucleic Acids Research，2008，37：D767 – D772.

［54］ 何宗真. 基于多组学数据整合的癌症分型及预后方法研究［D］. 西安电子科技大学，2021：19 – 20.

［55］ PETER R J. Silhouettes：a graphical aid to the interpretation and validation of cluster analysis［J］. J. Comput. Appl.，20（1987）：53 – 65.

［56］ HOSMER D，LEMESHOW S，MAY S. Applied survival analysis：regression modeling of time to event data［J］. Journal of the American Statistical Association，2000，95.

［57］ 周志华. 机器学习［M］. 北京：清华大学出版社：2016.

［58］ PENG J，HUI W，LI Q，et al. A learning – based framework for miRNA – disease association identification using neural networks［J］. Bioinformatics，2019，35（21）：4364 – 4371.

［59］ YUGI K，KUBOTA H，HATANO A，et al. Trans – omics：how to reconstruct biochemical networks across multiple 'omic' layers［J］. Trends in Biotechnology，2016，34（4）：276 – 290.

［60］ CHEN D，CHEN M，ALTMANN T，et al. Bridging genomics and phenomics［J］. Springer Berlin Heidelberg，2014：299 – 336.

［61］ HUANG S，CHAUDHARY K，GARMIRE L X. More is better：recent progress in multi – omics data integration methods［J］. Front Genet，2017，8：84.

［62］ YUAN L，HUANG D S. A network – guided association mapping approach from DNA methylation to disease［J］. Sci Rep，2019，9（1）：5601.

[63] LIN H Y, CHEN D T, HUANG P Y, et al. SNP interaction pattern identifier (SIPI): an intensive search for SNP – SNP interaction patterns[J]. Bioinformatics,2017, 33 (6): 822 – 833.

[64] XU T, LE T D, LIU L, et al. CancerSubtypes: an R/Bioconductor package for molecular cancer subtype identification, validation and visualization[J]. Bioinformatics,2017, 33 (19): 3131 – 3133.

[65] GUO Y, LIU S, LI Z, et al. BCDForest: a boosting cascade deep forest model towards the classification of cancer subtypes based on gene expression data[J]. BMC Bioinformatics,2018, 19 (S5).

[66] HASIN Y, SELDIN M, LUSIS A. Multi – omics approaches to disease[J]. Genome Biology,2017, 18 (1).

[67] ZHAO J, CHENG F, JIA P, et al. An integrative functional genomics framework for effective identification of novel regulatory variants in genome – phenome studies [J]. Genome Med,2018, 10 (1): 7.

[68] ROMANOWSKA J, JOSHI A. From genotype to phenotype: through chromatin [J]. Genes (Basel),2019, 10 (2).

[69] CHU S H, HUANG Y T. Integrated genomic analysis of biological gene sets with applications in lung cancer prognosis[J]. BMC Bioinformatics, 2017, 18 (1): 336.

[70] WILK G, BRAUN R. Integrative analysis reveals disrupted pathways regulated by microRNAs in cancer[J]. Nucleic Acids Research,2018, 46 (3): 1089 – 1101.

[71] JUNG K, TAKANE T Y, MULTIDIMENSIONAL S I, et al. International encyclopedia of the social & behavioral sciences[J]. second edition. Oxford: Elsevier,2015: 34 – 39.

[72] TENENBAUM J B, DE SILVA V, LANGFORD J C. A global geometric framework for nonlinear dimensionality reduction[J]. Science, 2000, 290 (5500): 2319 – 2323.

[73] SHI J, LUO Z G. Nonlinear dimensionality reduction of gene expression data for visualization and clusteringanalysis of cancer tissue samples[J].

Computers in Biology and Medicine, 2010,40(8):723 - 732.

[74] TENENBAUM J B, SILVA V D, LANGFORD J C. A global geometric framework for nonlinear dimensionality reduction[J]. Science,2000 Dec 22, 290(5500):2319 - 2323.

[75] NG A Y, JORDAN M I, WEISS Y. On spectral clustering: analysis and an algorithm[C]. Proceedings of the 14th International Conference on Neural Information Processing Systems: Natural and Synthetic,2001: 849 - 856.

[76] JIANBO S, MALIK J. Normalized cuts and image segmentation[J]. IEEE Transactions on Pattern Analysis and Machine Intelligence,2000, 22 (8): 888 - 905.

[77] MONTI S T, MESIROV P, GOLUB J. Consensus clustering: a resampling - based method for class discovery and visualization of gene expression microarray data[J]. Machine Learning,2003, 52 (1 - 2): 91 - 118.

[78] WILKERSON M D, HAYES D N. Consensus cluster plus: a class discovery tool with confidence assessments and item tracking [J]. Bioinformatics, 2010, 26 (12): 1572 - 1573.

[79] GUO X, SONG Y, LIU S, et al. Linking genotype to phenotype in multi - omics data of small sample[J]. BMC Genomics,2021, 22 (1): 537.

[80] TSUJI Y, YAMAMURA T, NAGANO C, et al. Systematic review of genotype- phenotype correlations in frasier syndrome[J]. Kidney International Reports,2021, 6 (10): 2585 - 2593.

[81] LUNENBURG C, THIRSTRUP J P, BYBJERG - GRAUHOLM J, et al. Pharmacogenetic genotype and phenotype frequencies in a large danish population- based case - cohort sample[J]. Transl Psychiatry,2021, 11 (1): 294.

[82] SLATEN M L, CHAN Y O, SHRESTHA V, et al. HAPPI GWAS: Holistic analysis with pre and post integration GWAS[J]. Bioinformatics, 2020, 36 (17): 4655 - 4657.

[83] SHASHKOVA T I, PAKHOMOV E D, GOREV D D, et al. PheLiGe: an

interactive database of billions of human genotype – phenotype associations [J]. Nucleic Acids Research,2021, 49 (D1): D1347 – D1350.

[84] WONG K M, LANGLAIS K, TOBIAS G S, et al. The dbGaP data browser: a new tool for browsing dbGaP controlled – access genomic data [J]. Nucleic Acids Research,2017, 45 (D1): D819 – D826.

[85] LV Q, LAN Y, SHI Y, et al. AtPID: a genome – scale resource for genotype – phenotype associations in Arabidopsis [J]. Nucleic Acids Research,2017, 45 (D1): D1060 – D1063.

[86] NUSSINOV R, TSAI C J, JANG H. Protein ensembles link genotype to phenotype[J]. PLoS Comput Biol,2019, 15 (6): e1006648.

[87] MEYER H V, Birney E. PhenotypeSimulator: a comprehensive framework for simulating multi – trait, multi – locus genotype to phenotype relationships[J]. Bioinformatics,2018, 34 (17): 2951 – 2956.

[88] DENAULT W R P, GJESSING H K, JUODAKIS J, et al. Wavelet Screening: a novel approach to analyzing GWAS data[J]. BMC Bioinformatics, 2021, 22 (1): 484.

[89] SEALFON R S G, MARIANI L H, KRETZLER M, et al. Machine learning, the kidney, and genotype – phenotype analysis[J]. Kidney Int,2020, 97 (6): 1141 – 1149.

[90] FORTUNE M D, WALLACE C, STEGLE O. simGWAS: a fast method for simulation of large scale case – control GWAS summary statistics [J]. Bioinformatics,2019, 35 (11): 1901 – 1906.

[91] MAIER R M, ZHU Z, LEE S H, et al. Improving genetic prediction by leveraging genetic correlations among human diseases and traits [J]. Nat Commun,2018, 9 (1): 989.

[92] KIM Y A, CHO D Y, PRZYTYCKA T M. Understanding genotype – phenotype effects in cancer via network approaches[J]. PLoS Computational Biology,2016, 12 (3).

[93] WU C, PAN W, HANCOCK J. Integration of methylation QTL and enhan-

cer – target gene maps with schizophrenia GWAS summary results identifies novel genes[J]. Bioinformatics,2019, 35 (19): 3576 – 3583.

[94] WU Y, ZENG J, ZHANG F, et al. Integrative analysis of omics summary data reveals putative mechanisms underlying complex traits [J]. Nat Commun,2018, 9 (1): 918.

[95] KIM D C, WANG J, LIU C, et al. Inference of SNP – gene regulatory networks by integrating gene expressions and genetic perturbations[J]. Biomed Res Int,2014, 2014: 629697.

[96] DAS S, MAJUMDER P P, CHATTERJEE R, et al. A powerful method to integrate genotype and gene expression data for dissecting the genetic architecture of a disease[J]. Genomics,2019, 111 (6): 1387 – 1394.

[97] YAO V, KALETSKY R, KEYES W, et al. An integrative tissue – network approach to identify and test human disease genes[J]. Nat Biotechnol, 2018, 36: 1091 – 1099.

[98] MIAO X, CHEN X, XIE Z, et al. Tissue – specific network analysis of genetic variants associated with coronary artery disease[J]. Sci Rep,2018, 8 (1): e11492.

[99] ENRIGHT A J, VAN DONGEN S, OUZOUNIS C. An efficient algorithm for large – scale detection of protein families[J]. Nucleic Acids Research, 2002, 30: 1575 – 1584.

[100] BADER G D, HOGUE C W. An automated method for finding molecular complexes in large protein interaction networks[J]. BMC Bioinformatics, 2003, 4: 2.

[101] PALLA G, DERÉNYI I, FARKAS I, et al. Uncovering the overlapping community structure of complex networks in nature and society [J]. Nature,2005, 435 (7043): 814 – 818.

[102] LOEWENSTEIN Y, PORTUGALY E, FROMER M, et al. Efficient algorithms for accurate hierarchical clustering of huge datasets: tackling the entire protein space[J]. Bioinformatics,2008, 24 (13): 41 – 49.

[103] GEORGII E, DIETMANN S, UNO T, et al. Enumeration of condition – dependent dense modules in protein interaction networks[J]. Bioinformatics,2009, 25 (7): 933 – 940.

[104] JIANG P, SINGH M. SPICi: a fast clustering algorithm for large biological networks[J]. Bioinformatics,2010, 26 (8): 1105 – 1111.

[105] BEN S K, BEN A A. Principal component analysis (PCA)[J]. Tunis Med, 2021, 99 (4): 383 – 389.

[106] GLOAGUEN A, PHILIPPE C, FROUIN V, et al. Multiway generalized canonical correlation analysis[J]. Biostatistics,2022, 23 (1): 240 – 256.

[107] PANDIS N. Linear regression[J]. Am J Orthod Dentofacial Orthop,2016, 149 (3): 431 – 434.

[108] JONG S D. SIMPLS: an alternative approach to partial least squares regression[J]. Chemometrics and Intelligent Laboratory Systems, 1993, 18: 251 – 263.

[109] ARKIN Y, RAHMANI E, KLEBER M E, et al. EPIQ – efficient detection of SNP – SNP epistatic interactions for quantitative traits[J]. Bioinformatics,2014, 30 (12): i19 – i25.

[110] ALIREZAIE N, KERNOHAN K D, HARTLEY T, et al. ClinPred: prediction tool to identify disease – relevant nonsynonymous single – nucleotide variants[J]. Am J Hum Genet,2018, 103 (4): 474 – 483.

[111] CRAWFORD L, ZENG P, MUKHERJEE S, et al. Detecting epistasis with the marginal epistasis test in genetic mapping studies of quantitative traits[J]. PLoS Genet,2017, 13 (7): e1006869.

[112] JIANG R, TANG W W, WU X B, et al. A random forest approach to the detection of epistatic interactions in case – control studies [J]. BMC Bioinformatics,2009, 10 (Suppl 1): S65.

[113] TUO S H. FDHE – IW: a fast approach for detecting high – order epistasis in genome– wide case – control studies[J]. Genes (Basel),2018, 9 (9).

[114] UPTON A, TRELLES O, CORNEJO – GARCIA J A, et al. Review: high –

performance computing to detect epistasis in genome scale data sets[J]. Brief Bioinform,2016, 17 (3): 368 – 379.

[115] YANG C, HE Z, WAN X, et al. SNPHarvester: a filtering – based approach for detecting epistatic interactions in genome – wide association studies[J]. Bioinformatics,2009, 25 (4): 504 – 511.

[116] HORN H, LAWRENCE M S, CHOUINARD C R, et al. NetSig: network – based discovery from cancer genomes[J]. Nat Methods,2018, 15 (1): 61 – 66.

[117] LEISERSON M D, VANDIN F, WU H T, et al. Pan – cancer network analysis identifies combinations of rare somatic mutations across pathways and protein complexes[J]. Nat Genet,2015, 47 (2): 106 – 114.

[118] BRAUN R, LEIBON G, PAULS S, et al. Partition decoupling for multi – gene analysis of gene expression profiling data [J]. BMC Bioinformatics, 2011, 12: 497.

[119] BRAUN R, COPE L, PARMIGIANI G. Identifying differential correlation in gene/pathway combinations[J]. BMC Bioinformatics,2008, 9: 488.

[120] PITA – JUAREZ Y, ALTSCHULER G, KARIOTIS S, et al. The pathway coexpression network: revealing pathway relationships[J]. PLoS Comput Biol,2018, 14 (3): e1006042.

[121] TOMFOHR J, LU J, KEPLER T B. Pathway level analysis of gene expression using singular value decomposition [J]. BMC Bioinformatics, 2005, 6: 225.

[122] DURIF G. High dimensional classification with combined adaptive sparse PLS and logistic regression[J]. Bioinformatics,2018.

[123] 陈涛. 基因表达谱的数据挖掘方法研究[D]. 西北工业大学,2016:6 – 9.

[124] TIBSHIRANI R. Regression shrinkage and selection via the lasso[J]. Journal of The Royal Statistical Society Series B – Methodological,1996.

[125] LU T H C, LAI L, TSAI M, et al. Identification of regulatory SNPs associated with genetic modifications in lung adenocarcinoma[J]. BMC Res Notes,2015, 8: 92.

[126] ROMERO P B V, DENIZIAUT G, FUHRMANN L et al. Medullary breast carcinoma, a triple – negative breast cancer associated with BCLG overexpression[J]. Am J Pathol,2018, 188: 2378 – 2391.

[127] ROHART F, GAUTIER B, SINGH A, et al. mixOmics: an R package for 'omics feature selection and multiple data integration[J]. PLoS Comput Biol,2017, 13 (11): e1005752.

[128] GUAN F, NI T, ZHU W, et al. Integrative omics of schizophrenia: from genetic determinants to clinical classification and risk prediction[J]. Mol Psychiatry,2022, 27 (1): 113 – 126.

[129] HULOT A, LALOE D, JAFFREZIC F. A unified framework for the integration of multiple hierarchical clusterings or networks from multi – source data[J]. BMC Bioinformatics,2021, 22 (1): 392.

[130] ATHREYA A P, LAZARIDIS K N. Discovery and opportunities with integrative analytics using multiple – omics data[J]. Hepatology,2021, 74 (2): 1081 – 1087.

[131] PICARD M, SCOTT – BOYER M P, BODEIN A, et al. Integration strategies of multi – omics data for machine learning analysis[J]. Comput Struct Biotechnol J, 2021, 19: 3735 – 3746.

[132] DUAN R, GAO L, GAO Y, et al. Evaluation and comparison of multi – omics data integration methods for cancer subtyping[J]. PLoS Comput Biol,2021, 17 (8): e1009224.

[133] RAO A, VG S, JOSEPH T, et al. Phenotype – driven gene prioritization for rare diseases using graph convolution on heterogeneous networks[J]. BMC Med Genomics,2018, 11 (1): 57.

[134] DIMITRAKOPOULOS C, HINDUPUR S K, HÄFLIGER L, et al. Network – based integration of multi – omics data for prioritizing cancer genes [J]. Bioinformatics,2018, 34 (14): 2441 – 2448.

[135] GERRING Z F, MINA – VARGAS A, GAMAZON E R, et al. E – MAG-MA: an eQTL – informed method to identify risk genes using genome –

wide association study summary statistics[J]. Bioinformatics, 2021, 37 (16): 2245-2249.

[136] ZHU Z, ZHANG F, HU H, et al. Integration of summary data from GWAS and eQTL studies predicts complex trait gene targets[J]. Nat Genet,2016, 48 (5): 481-487.

[137] LIN C, JAIN S, KIM H, et al. Using neural networks for reducing the dimensions of single - cell RNA - Seq data[J]. Nucleic Acids Research, 2017, 45 (17): e156.

[138] GUO X, LU Y, YIN Z, et al. IPMM: cancer subtype clustering model based on multiomics data and pathway and motif information[C], 2020: 560-568.

[139] 龙亚辉. 基于图机器学习的微生物网络关系预测算法研究[D]. 长沙:湖南大学,2021:14-15.

[140] KONG Y, YU T. A graph - embedded deep feedforward network for disease outcome classification and feature selection using gene expression data[J]. Bioinformatics,2018, 34 (21): 3727-3737.

[141] ZHAO T, HU Y, VALSDOTTIR L R, et al. Identifying drug - target interactions based on graph convolutional network and deep neural network [J]. Brief Bioinform,2021, 22 (2): 2141-2150.

[142] LECUN Y, BENGIO Y, HINTON G. Deep learning[J]. Nature,2015, 521 (7553): 436-444.

[143] NAIR V, HINTON G E. Rectified linear units improve restricted boltz-mann machines[C]. Proceedings of the 27th International Conference on International Conference on Machine Learning,2010: 807-814.

[144] JOHN F K, STEFAN C K. Gradient flow in recurrent nets: the difficulty of learning longterm dependencies[J]. A Field Guide to Dynamical Recur-rent Networks: IEEE,2001: 237-243.

[145] KINGMA D P, BA J J C. Adam: a method for stochastic optimization[J], 2014, abs/1412.6980.

[146] LAMB J R, ZHANG C, XIE T, et al. Predictive genes in adjacent normal tissue are preferentially altered by sCNV during tumorigenesis in liver cancer and may rate limiting[J]. PLoS One,2011, 6 (7): e20090.

[147] VUJKOVIC M, ATTIYEH E F, RIES R E, et al. Genomic architecture and treatment outcome in pediatric acute myeloid leukemia: a children's oncology group report[J]. Blood,2017, 129 (23): 3051 – 3058.

[148] GUO X, HAN J, SONG Y, et al. Using expression quantitative trait loci data and graph – embedded neural networks to uncover genotype – phenotype interactions[J]. Front Genet,2022, 13: e921775.

[149] FISCON G, CONTE F, FARINA L, et al. SAveRUNNER: a network – based algorithm for drug repurposing and its application to COVID – 19 [J]. PLoS Comput Biol,2021, 17 (2): e1008686.

[150] VAN DRIEL M A, BRUGGEMAN J, VRIEND G, et al. a text – mining analysis of the human phenome[J]. Eur J Hum Genet,2006, 14 (5): 535 – 542.

[151] KIM Y, PARK J H, CHO Y R. Network – based approaches for disease – gene association prediction using protein – protein interaction networks[J]. Int J Mol Sci,2022, 23 (13).

[152] WU X, JIANG R, ZHANG M Q, et al. Network – based global inference of human disease genes[J]. Mol Syst Biol,2008, 4: 189.

[153] GILAD Y, RIFKIN S A, PRITCHARD J K. Revealing the architecture of gene regulation: the promise of eQTL studies[J]. Trends Genet,2008, 24 (8): 408 – 415.

[154] SCHADT E E, LAMB J, YANG X, et al. An integrative genomics approach to infer causal associations between gene expression and disease [J]. Nat Genet,2005, 37 (7): 710 – 717.

[155] ROYTMAN M, KICHAEV G, GUSEV A, et al. Methods for fine – mapping with chromatin and expression data [J]. PLoS Genet, 2018, 14 (2): e1007240.

[156] MURTAGH F, CONTRERAS P. Algorithms for hierarchical clustering:

an overview [J]. Wiley Interdisc. Rew.: Data Mining and Knowledge Discovery,2012, 2: 86 - 97.

[157] HAVENS T, BEZDEK J C, LECKIE C, et al. Fuzzy c - means algorithms for very large data[J]. IEEE Transactions on Fuzzy Systems, 2012, 20: 1130 - 1146.

[158] KOHONEN T. The self - organizing map[J]. Neurocomputing,1998, 21 (1): 1 - 6.

[159] WU F X. Genetic weighted k - means algorithm for clustering large - scale gene expression data[J]. BMC Bioinformatics,2008, 9(6): S12.

[160] YOU Z H, HUANG Z A, ZHU Z, et al. PBMDA: A novel and effective path - based computational model for miRNA - disease association prediction[J]. PLoS Comput Biol,2017, 13 (3): e1005455.

[161] BA - ALAWI W, SOUFAN O, ESSACK M, et al. DASPfind: new efficient method to predict drug - target interactions[J]. J Cheminform,2016, 8: 15.

[162] LUO J, LONG Y. NTSHMDA: Prediction of human microbe - disease association based on random walk by integrating network topological similarity [J]. IEEE/ACM Trans Comput Biol Bioinform,2020, 17 (4): 1341 - 1351.

[163] KOHLER S, BAUER S, HORN D, et al. Walking the interactome for prioritization of candidate disease genes[J]. Am J Hum Genet, 2008, 82 (4): 949 - 958.

[164] LI Y, PATRA J C. Genome - wide inferring gene - phenotype relationship by walking on the heterogeneous network[J]. Bioinformatics, 2010, 26 (9): 1219 - 1224.

[165] CHEN X, LIU M X, YAN G Y. RWRMDA: predicting novel human microRNA- disease associations[J]. Mol Biosyst,2012, 8 (10): 2792 - 2798.

[166] SMEDLEY D, HAIDER S, DURINCK S, et al. The BioMart community portal: an innovative alternative to large, centralized data repositories[J]. Nucleic Acids Research,2015, 43 (W1): W589 - W598.

[167] PINERO J, BRAVO A, QUERALT - ROSINACH N, et al. DisGeNET: a

comprehensive platform integrating information on human disease – associated genes and variants[J]. Nucleic Acids Research,2017, 45 (D1): D833 – D839.

[168] RAMOS E M, HOFFMAN D, JUNKINS H A, et al. Phenotype – genotype integrator (PheGenI): synthesizing genome – wide association study (GWAS) data with existing genomic resources[J]. Eur J Hum Genet, 2014, 22 (1): 144 – 147.

[169] CORNISH A J, DAVID A, STERNBERG M J E. PhenoRank: reducing study bias in gene prioritization through simulation[J]. Bioinformatics, 2018, 34 (12): 2087 – 2095.

[170] ZHANG Y, LIU J, LIU X, et al. Prioritizing disease genes with an improved dual label propagation framework[J]. BMC Bioinformatics,2018, 19 (1): 47.

[171] YANG K, WANG R, LIU G, et al. HerGePred: heterogeneous network embedding representation for disease gene prediction[J]. IEEE J Biomed Health Inform,2019, 23 (4): 1805 – 1815.

[172] FAN Y, VILGALYS T P, SUN S, et al. IMAGE: high – powered detection of genetic effects on DNA methylation using integrated methylation QTL mapping and allele – specific analysis[J]. Genome Biology,2019, 20 (1).

[173] SUN W, BUNN P, JIN C, et al. The association between copy number aberration, DNA methylation and gene expression in tumor samples[J]. Nucleic Acids Res,2018, 46 (6): 3009 – 3018.

[174] ABERG K A, SHABALIN A A, CHAN R F, et al. Convergence of evidence from a methylome – wide CpG – SNP association study and GWAS of major depressive disorder[J]. Transl Psychiatry,2018, 8 (1): 162.